普通高等教育"十三五"规划教材

化工实习指导

王洪林　　熊航行　主编

HUAGONG SHIXI ZHIDAO

U0254372

化学工业出版社

·北京·

《化工实习指导》共分五章，主要介绍了化工生产实习的特点及组织与管理，化工生产安全知识，化工生产中典型的单元操作设备，基本无机化工产品生产实习，有机化工产品生产实习。

　　本书可作为高等院校化学工程与工艺及相近专业的实习教材，也可作为化工企业人员的培训教材。

图书在版编目（CIP）数据

化工实习指导/王洪林，熊航行主编．—北京：化学工业出版社，2018.3（2023.1重印）
普通高等教育"十三五"规划教材
ISBN 978-7-122-31539-7

Ⅰ.①化⋯　Ⅱ.①王⋯ ②熊⋯　Ⅲ.①化工过程-实习-高等学校-教学参考资料　Ⅳ.①TQ02-45

中国版本图书馆 CIP 数据核字（2018）第 031759 号

责任编辑：旷英姿　　　　　　　　　　　文字编辑：王海燕　林　媛
责任校对：宋　玮　　　　　　　　　　　装帧设计：王晓宇

出版发行：化学工业出版社（北京市东城区青年湖南街 13 号　邮政编码 100011）
印　　装：北京虎彩文化传播有限公司
787mm×1092mm　1/16　印张 10¼　字数 217 千字　2023 年 1 月北京第 1 版第 3 次印刷

购书咨询：010-64518888　　　　　　　售后服务：010-64518899
网　　址：http://www.cip.com.cn
凡购买本书，如有缺损质量问题，本社销售中心负责调换。

定　　价：**29.80 元**　　　　　　　　　　　　　　版权所有　违者必究

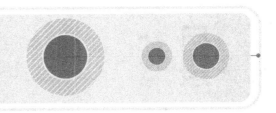

前言

FOREWORD

    化工实习是化工专业实践教学体系的一个重要环节，生产实习对促进学生对专业知识的理解与深度吸收具有十分积极的作用，同时也能培养学生的职业能力、职业素养。目前，各本科高校在应用型转型中通过加大实验、实践教学环节的比重来提高学生的专业技能及其应用能力，增强岗位意识和协作意识，培养脚踏实地的工作作风和吃苦耐劳精神。让学生在企业、车间、岗位上具体地参加学习和锻炼，使其身临其境，接触生产实践，了解生产流程、生产工艺、生产技术、质量标准，了解企业文化、企业环境、企业管理及其规章制度，掌握企业所需的新理论、新技术、新工艺、新方法，获得化工职业岗位的实际知识，最大限度地提升学生的综合素养，实现学生毕业上岗与企业需求的无缝对接，为今后缩短职业适应期、熟悉工作岗位打下良好的基础。本书结合湖北三宁化工股份有限公司生产实际及荆楚理工学院多年的实习经验，介绍了生产实习的组织与管理，化工生产的安全知识及化工生产中常见的单元操作设备，部分无机、有机产品的生产工艺及流程等。

    本书由荆楚理工学院王洪林、熊航行担任主编，由湖北三宁化工股份有限公司肖俭志审核。本书共五章，其中第一章由王洪林编写，第二章由熊航行编写，第三章由石腊梅编写，第四章实习一、实习三由李文波编写，第四章实习二由祝阳编写，第四章实习四由郭孝天编写，第五章由许维秀编写。全书由王洪林统稿。

    本书在编写过程中还得到了湖北三宁化工股份有限公司、北京欧贝尔仿真有限公司及合作院校的大力支持，在此表示衷心的感谢！本书在编写过程中参考了湖北三宁化工股份有限公司大量的生产资料及获得各分厂技术员的大力支持，特地向公司参与人员一并表示感谢！

    本书可作为化学工程与工艺、过程装备与控制工程及相关专业的实习指导教材。

    由于编者水平有限，书中疏漏之处在所难免，欢迎使用本书的广大师生提出宝贵意见。

编 者

2017 年 12 月

目录

第一章 概述

化工实习一般分为认知实习、生产实习和毕业实习三种。认知实习是学生在接触化工专业知识之前，对化工安全生产知识，化工生产过程的主要任务和原理及化工企业的生产与管理建立感性认识。化工生产实习是学生在学习化工基础课及部分专业课后进行的化工企业实际生产学习，通过深入某一产品的生产全过程或部分工段，理论联系实际，培养学生工艺观点，训练学生观察、分析和解决工程实际问题的独立工作能力。毕业实习也称顶岗实习，是提高毕业生综合运用所学知识与技能解决生产实际问题的重要环节，学生提前到竞争激烈的就业环境中锻炼，使他们在择业心态，就业技能，从业素养等方面得到全方位、立体化的综合素质训练。

化工实习根据各阶段实习的性质对实习的组织、管理、实习要求都有所不同。根据专业特点，很多高校都是将生产实习与专业课程设计相结合，将顶岗实习与学生就业及毕业论文相结合。本书以生产实习为例，介绍生产实习的组织与管理。

一、生产实习的目的

化工类生产实习一般安排在学生掌握化工生产基本原理，掌握化工单元操作基本理论，具备化工单元操作能力的基础上进行。学生通过在生产一线各岗位实习，学习操作控制和生产管理的有关知识，培养工艺观点，训练观察、分析和解决工程实际问题的能力，增长专业生产知识和技能，同时为后期专业课程的学习及专业课程设计做好准备。

二、生产实习的任务和要求

生产实习的任务主要包括：化工生产过程控制实习，化工生产工艺分析，原料与产品分析检测实习，学习化工安全生产的有关规定等。通过生产实习，学生要在学会阅读化工技术资料的基础上，能相对独立地对化工生产工艺进行分析与计算，熟悉有关化工生产设备的操作，熟悉化工生产过程的控制，判断并分析生产过程中出现的异常情况。

三、生产实习的形式、管理与考核

（一）生产实习的形式

生产实习采取集中实习的方式进行，学校选取具备一次性接收规模学生实习条件的企业，根据企业实际情况共同拟订实习方案，按企业岗位设置情况，将学生分散至不同岗位并进行工段内轮换，使学生基本掌握某一生产工段的生产任务、工艺流程、控制过程及主要设备。

（二）生产实习的管理

生产实习由学校、企业、学生三方共同参与，具有管理主体多元化、实习岗位分散化、实习内容多样化的特点。为保证生产实习的顺利、有序进行，合理制定实习方案、加强实习管理显得至关重要。

1. 实习方案制订

学校应提前两周同实习单位沟通，根据实习单位能提供的具体实习岗位制订实习方案。实习方案应包括化工安全生产知识培训、实习岗位分配及岗位轮换方式、实习岗位的实习任务等。

2. 做好生产实习动员与准备工作

做好学生进行生产实习的动员与教育工作，指导教师要教育学生端正实习态度、明确实习目的与要求，组织学生学习实习的有关规定。学生根据所分派岗位的工作内容和实习任务，提前查阅并研读有关资料。

3. 进行生产实习的岗前教育

（1）企业概况及厂级（一级）安全教育　了解实习企业的产品种类、用途、规格、生产能力，了解员工人数与企业经济效益，了解企业文化。

由厂安全管理部门人员讲授安全知识和安全守则，结合本厂特点以及安全生产方面的教训，典型事故及急救方法，介绍化工防火、防爆、防毒知识。厂级安全教育后要进行考试，合格后方能进入车间。

（2）分厂（车间）概况介绍及车间级（二级）安全教育　由车间负责人或技术人员讲授车间生产任务、原料规格、产品规格及用途、生产工艺原理、生产过程、主要设备及性能。讲解车间安全规章制度、安全技术规程，经考试合格后方能进入岗位。

由车间确定学生实习所在岗位，聘请思想作风好、操作技术水平高、有丰富生产经验的班组长为固定的兼职实习指导教师。

（3）岗位介绍及岗位（三级）安全教育　由兼职实习指导教师（班组长）为本岗实习的学生统一讲解岗位的生产任务及工艺原理，结合岗位生产特点讲解安全生产规章制度、岗位操作规程、异常情况处理等，结合生产现场详细讲解工艺流程，设备结构及性能。

4. 加强生产实习的过程管理

生产实习的教学管理难度较大，学生分散至各岗位，应采取片区管理和指导的方式。学校指导教师应加强各岗位巡查与指导，保持和兼职指导教师的沟通，检查学生的实习日志，随时掌握学生的岗位实习情况。

（三）生产实习的考核

指导教师根据学生的实习纪律、实习日志、实习报告书综合评定生产实习成绩。

四、生产实习报告书

生产实习任务完成后，学生必须提交"生产实习报告书"，生产实习报告书应结合实习任务编写，一般应包括以下内容：

（1）企业情况简介。

（2）实习岗位说明。

（3）岗位操作规程 具体说明该岗位设备操作的工艺流程、开停车操作要点、安全注意事项等。

（4）岗位工艺技术分析 主要介绍产品的生产工艺原理、主要原料及产品的分析检测方法、绘制带控制点的生产工艺流程图、静设备的总装图或动设备的主要零件图等。

（5）相关资料图片 可以使用设备图片、工艺资料的复印件。图片应注有简要说明。

（6）实习总结 结合实习单位企业文化、实习过程及实习管理，从实习生的角度谈对岗位生产、管理、岗位职责及企业文化的认识，对实习岗位生产的合理化建议等。

化工安全生产知识

第一节 现代化学工业的特点

一、化学工业生产的复杂性

化学工业生产的复杂性主要体现在：用同一种原料可以制造多种不同用途的化工产品。即虽然原料相同，但生产方法、生产工艺不同可以生产出不同的化工产品，这叫做不同的生产路线。同一种产品可采用不同的原料、不同的方法和不同的工艺路线来生产，即可以采用不同的原料路线、不同的生产路线生产出同一种产品。

二、生产过程综合化

坚持走可持续发展、科学发展、循环经济的道路，化工产品生产过程的综合化、产品的网络化是化工生产发展的必由之路。生产过程的综合化、产品的网络化既可以使资源和能源得到充分合理的利用，就地将副产物和"废料"转化成有用产品；又可以表现为不同化工厂的联合及其与其他产业部门的有机联合；这样就可以降低物耗、能耗，减少"三废"排放，综合化的利用，变害为利，变废为宝。综合利用大大提高了企业的经济效益。

三、化工产品精细化

精细化是提高化学工业经济效益的重要途径，这主要体现在它的高附加值。精细化工产品不仅是品种多，相对于大化工规模小，而更主要的是生产技术含量高，开发出具有优异性能或功能，并能适应快速变化的市场需求的产品，是我国精细化学品工业快速发展的关键所在。除此之外，在化学工艺和化学工程上也更趋于精细化，人们已能在原子水平上进行化学品的合成，使化工生产更加高效、节能和环保。

四、技术、资金和人才的密集性

高度自动化和机械化的现代化学工业，正朝着智能化方向发展。它越来越多地依靠高新技术并迅速将科研成果转化为生产力，如生物与化学工程、微电子与化学、材料与化工等不同学科的相互结合，可创造出更多优良的新物质和新材料。计算机技术的高水平发展，已经可以准确地进行新分子、新材料的设计与合成，节省了大量的人力、物力和实验时间。

五、注重能源的合理利用，积极采用节能技术

化工生产过程不仅是将原料经由化学过程和物理过程转化为满足人们需求的化工产品，同时在生产过程中伴随有能量的传递和转换，如何节能降耗、提高效率显得尤为重要。在生产过程中，力求采用新工艺、新技术、新方法，淘汰落后的工艺、技术和方法，关键是要开发出新型高效的催化剂。

六、安全生产要求严格

化工生产具有易燃、易爆、有毒、有害、高温（或低温）、高压（负压）、腐蚀性强等特点；另外，工艺过程多变，不安全因素很多，如不严格按工艺规程生产，就容易发生事故。但只要采用安全的生产工艺，有可靠的安全技术保障、严格的规章制度及监督机构，事故是在可控范围内的，甚至是完全可以避免的。尤其是连续性的大型化工装置，要想发挥现代化生产的优越性，保证高效、经济地生产，就必须高度重视安全，确保装置长期、连续地安全运行。安全为了生产，生产必须安全，安全生产就是经济效益。

总之，采用无毒无害的清洁生产方法和工艺过程，生产环境友好的产品，创建清洁生产环境，大力发展绿色化工，是化学工业赖以持续发展的关键之一。

第二节　化工行业安全教育

安全生产教育培训是企业安全管理的重要内容之一，是搞好安全的基础性工作。只有加强安全教育，才能提高职工的安全意识和素质，切实搞好安全生产。因此，实习前的安全生产教育培训内容、形式及方法如下。

一、安全生产教育培训的内容

（1）安全思想教育着重从强化安全意识和遵章守纪两个方面进行。

（2）安全生产方针、政策、法律、法规、标准教育。要把综合性和专业性的方针、政策、法律、法规、标准有机结合，二者不能偏废。

（3）安全技术知识教育

（4）典型经验和事故经验

二、安全经验培训的形式和方法

（一）三级经验制

三级经验制即入厂教育、车间经验、岗位教育。

1. 入厂教育的内容

（1）企业的生产形式，安全生产情况，学习有关文件、讲解安全生产的重大意义。

（2）企业的特殊危险地点，尘毒危害，一般的防护用品知识。

（3）一般的电气和机械安全知识教育。

（4）伤亡事故发生的主要原因，事故教训。

2. 车间教育内容

（1）车间劳动规则和应该注意的事项。

（2）车间危险地区，有毒有害作业的情况和必须遵守的安全事项。

（3）车间安全生产的情况问题及典型事故案例。

3. 岗位教育的内容

（1）班组安全生产情况，工作性质及职责范围。

（2）新工人将要从事的生产性质，必需的安全知识，各种机器设备及其安全防护措施。

（3）作业场的安全、卫生防护。

（4）容易发生事故或有毒有害的地方。

（5）个人防护用品的使用和保管等。

（二）特种作业人员安全技术培训

对于特种作业人员，必须进行专门培训并经过严格考试合格后，方能准许上岗操作。

（三）经常性的安全教育

经常性的安全教育可采取安全活动日，班前、班后会，安全例会，安全技术交流，广播，黑板报等形式开展。既要结合企业生产活动这个中心来开展经常性安全生产教育，又要掌握事故发生的规律进行教育。

（四）安全专员教育

对于安全专业人员采用"继续工程教育"和"安全函授"教育等。

三、安全教育规定

（1）凡新招收、调入的职工必须认真地进行安全生产入厂教育、车间教育、岗前教育（即三级教育），并经考试合格后，颁证方可进入操作岗位。

（2）对电气焊、行车等特种作业人员必须持有地、县企业级的安全操作证。

（3）在采用的生产工艺添设新的技术设备或工人调换操作岗位时，必须对工人进行新操作法和工作岗位的安全教育，并经考核合格后，方可上岗操作。

（4）加强全厂职工、管理人员、工程技术人员安全生产方面的法制宣传和教育，增强全体职工安全生产法制观念。

四、化工安全生产禁令

1. 生产厂区十四个不准

（1）加强明火管理，厂区内不准吸烟。

（2）生产区内，不准未成年人进入。

（3）上班时间，不准睡觉、干私活、离岗和做与生产无关的事。

（4）在班前、班上不准喝酒。

（5）不准使用汽油等易燃液体擦洗设备、用具和衣物。

（6）不按规定穿戴劳动保护用品，不准进入生产岗位。

（7）安全装置不齐全的设备不准使用。

（8）不是自己分管的设备、工具不准动用。

（9）检修设备时安全措施不落实，不准开始检修。

（10）停机检修后的设备，未经彻底检查，不准启用。

（11）未办高处作业证，不系安全带，脚手架、跳板不牢，不准登高作业。

（12）不准违规使用压力容器等特种设备。

（13）未安装触电保安器的移动式电动工具，不准使用。

（14）未取得安全作业证的职工，不准独立作业；特殊工种职工，未经取证，不准作业。

2. 操作工的六严格

（1）严格执行交接班制。

（2）严格进行巡回检查。

（3）严格控制工艺指标。

（4）严格执行操作方法。

（5）严格遵守劳动纪律。

（6）严格执行安全规定。

3. 动火作业六大禁令

（1）动火证未经批准，禁止动火。

（2）不与生产系统可靠隔绝，禁止动火。

（3）不清洗，置换不合格，禁止动火。

（4）不消除周围易燃物，禁止动火。

（5）不按时做动火分析，禁止动火。

（6）没有消防措施，禁止动火。

4. 进入容器、设备的八个必须

（1）必须申请、办证，并取得批准。

（2）必须进行安全隔绝。

（3）必须切断动力电，并使用安全灯具。

（4）必须进行置换、通风。

（5）必须按时间要求进行安全分析。

（6）必须佩戴规定的防护用具。

（7）必须有人在器外监护，并坚守岗位。

（8）必须有抢救后备措施。

5. 机动车辆七大禁令

（1）严禁无证、无令开车。

（2）严禁酒后开车。

（3）严禁超速行车和空挡溜车。

（4）严禁带病行车。

（5）严禁人货混载行车。

（6）严禁超标装载行车。

（7）严禁无阻火器车辆进入禁火区。

6. 事故"四不放过"原则

（1）事故原因未查清不放过。

（2）事故责任人未受到处理不放过。

（3）事故责任人和周围群众没有受到教育不放过。

（4）事故没有制订切实可行的整改措施不放过。

7. "三个对待"

（1）外单位发生的事故当作本单位对待。

（2）小事故当作大事故对待。

（3）未遂事故当作已发生事故对待。

第三节　化工生产中的危险源及控制

一、一氧化碳

1. 外观与性状

一氧化碳纯品为无色、无臭、无刺激性的气体。易燃易爆，与空气混合能形成爆炸性混合物，遇明火、高热能引起燃烧爆炸。

2. 对健康的影响

一氧化碳进入人体之后会和血液中的血红蛋白结合，由于 CO 与血红蛋白结合能力远强于氧气与血红蛋白的结合能力，进而使能与氧气结合的血红蛋白数量急剧减少，从而引起机体组织出现缺氧，导致人体窒息死亡。因此，一氧化碳具有毒性。一氧化碳是无色、无臭、无味的气体，故易被忽略而致中毒。

（1）轻度中毒　患者可出现头痛、头晕、失眠、视物模糊、耳鸣、恶心、呕吐、全身乏力、心动过速、短暂昏厥的现象。

（2）中度中毒　除上述症状加重外，口唇、指甲、皮肤黏膜出现樱桃红色，多汗，血压先升高后降低，心率加速，心律失常，烦躁，一时性感觉和运动分离（即尚有思维，但不能行动）。症状继续加重，可出现嗜睡、昏迷症状。

（3）重度中毒　患者迅速进入昏迷状态。初期四肢肌张力增加，或有阵发性强直性痉挛；晚期肌张力显著降低，患者面色苍白或青紫，血压下降，瞳孔散大，最后因呼吸麻痹而死亡。经抢救存活者可能有严重并发症及后遗症。

3. 急救措施

迅速撤离泄漏污染区人员至上风处，并立即隔离 150m，严格限制出入。切断火源。应急处理人员戴自给正压式呼吸器，穿防静电工作服。尽可能切断泄漏源。合理通风，加速扩散。

当患者吸入一氧化碳时，迅速脱离现场至上风口或空气新鲜处。保持呼吸道通畅。如呼吸困难，给予输氧。呼吸心跳停止时，立即进行人工呼吸和胸外心脏按压术。就医。

4. 灭火方法

灭火方法：切断气源。若不能切断气源，则不允许熄灭泄漏处的火焰。喷水冷却容器。

灭火剂：雾状水、泡沫、二氧化碳、干粉。

5. 主要存在地点

一氧化碳主要存在于甲醇合成、净化、硫回收、气化、变换热回收、渣水处理等工序。

6. 防范措施

不带火种进入现场，动火作业按要求办理动火票，进容器作业要求办理容器内作业票，现场工作时要求工艺人员监护，带 CO 气体报警仪。进入现场施救时必须戴氧气呼吸器或空气呼吸器。

二、甲醇

1. 外观与性状

甲醇为无色澄清液体，有刺激性气味；微有酒精样气味，易挥发，易流动；易燃，其蒸气与空气可形成爆炸性混合物，遇明火、高热能引起燃烧爆炸。甲醇与氧化剂接触发生化学反应或引起燃烧。在火场中，受热的容器有爆炸危险。其蒸气比空气重，能在较低处扩散到相当远的地方，遇火源会着火回燃。

2. 对健康影响

甲醇有毒，一般误饮 15mL 可致眼睛失明；眼睛接触也可导致失明；对中枢神经系统有麻醉作用；对视神经和视网膜有特殊选择作用，引起病变；可致代谢性酸中毒。

急性中毒：短时大量吸入出现轻度眼、上呼吸道刺激症状（口服有胃、肠道刺激症状）；经一段时间潜伏期后出现头痛、头晕、乏力、眩晕、酒醉感、意识蒙眬，甚至昏迷。视神经及视网膜病变，可有视物模糊、复视等，重者失明。代谢性酸中毒时出现二氧化碳结合力下降、呼吸加速等。

慢性影响：神经衰弱综合征，植物神经功能失调，黏膜刺激，视力减退等。皮肤出现脂、皮炎等。

3. 急救措施

皮肤接触：脱去污染的衣着，用肥皂水和清水彻底冲洗皮肤。

眼睛接触：提起眼睑，用流动清水或生理盐水冲洗、就医。

吸入：迅速脱离现场至空气新鲜处。保持呼吸道通畅。如呼吸困难，给输氧。如呼吸停止，立即进行人工呼吸、就医。

食入：饮足量温水，催吐。用清水或 1% 硫代硫酸钠溶液洗胃、就医。

4. 灭火方法

尽可能将容器从火场移至空旷处。喷水保持火场容器冷却，直至灭火结束。处在火场的容器若已变色或从安全泄压装置中发出声音，必须马上撤离。

灭火剂：抗溶性泡沫、干粉、二氧化碳、砂土。

5. 主要存在地点

甲醇主要存在于甲醇合成、甲醇精馏工序以及甲醇罐区。

6. 防范措施

不带火种进入现场，动火作业按要求办理动火票，进容器作业要求办理容器内作业票，现场工作时要求工艺人员监护，带甲醇气体报警仪，闻到刺鼻气味马上撤离。

三、氢气

1. 外观与性状

氢气是一种无色、无臭、无毒、易燃易爆的气体，与空气混合有爆炸的危险，遇热或明火即会发生爆炸。气体比空气轻，在室内使用和储存时，漏气上升滞留屋顶不易排出。氢由于无色无味，燃烧时火焰是透明的，因此其存在不易被感官发现。

2. 对健康的影响

氢虽无毒，在生理上对人体是惰性的，但若空气中氢含量增高，将引起缺氧性窒息。与所有低温液体一样，直接接触液氢将引起冻伤。液氢外溢并突然大面积蒸发还会造成环境缺氧，并有可能和空气一起形成爆炸混合物，引发燃烧爆炸事故。

3. 急救措施

氢泄漏时，迅速撤离泄漏污染区人员至上风处，并进行隔离，严格限制出入。切断火源。应急处理人员戴自给正压式呼吸器，穿消防防护服。尽可能切断泄漏源。合理通风，加速扩散。如有可能，将漏出气用排风机送至空旷地方。

4. 灭火方法

灭火方法：切断气源。若不能立即切断气源，则不允许熄灭正在燃烧的气体。喷水冷却容器。

灭火剂：雾状水、泡沫、二氧化碳、干粉。

5. 主要存在地点

氢主要集中存在于甲醇合成、硫回收中。

6. 防范措施

不带火种进入现场，动火作业按要求办理动火票，进容器作业要求办理容器内作业票，现场工作时要求工艺人员监护，带气体报警仪。

四、硫化氢

1. 外观与性状

常温时硫化氢是一种无色有臭鸡蛋气味的剧毒气体，易燃，与空气混合能形成爆炸性混合物，遇明火、高热能引起燃烧爆炸。与浓硝酸、发烟硫酸或其他强氧化剂剧烈反应，发生爆炸。气体比空气重，能在较低处扩散到相当远的地方，遇明火会引起回燃。

2. 对健康的影响

急性硫化氢中毒一般发病迅速，出现以脑和（或）呼吸系统损害为主的临床表现，亦可伴有心脏等器官功能障碍。临床表现可因接触硫化氢的浓度等因素不同而有明显差异。

3. 急救措施

应急处理人员戴自给正压式呼吸器，穿防毒服，从上风处进入现场。尽可能切断泄漏源。迅速撤离泄漏污染区人员至上风处，并立即进行隔离，严格限制出入，切断火源。合理通风，加速扩散。

皮肤接触：脱去污染的衣着，用流动清水冲洗。就医。

眼睛接触：立即提起眼睑，用大量流动清水或生理盐水彻底冲洗至少 15 min。就医。

吸入：迅速脱离现场至空气新鲜处。保持呼吸道通畅。如呼吸困难，给输氧。如呼吸停止，立即进行人工呼吸、就医。

4. 灭火方法

消防人员必须穿戴全身防火防毒服。切断气源。若不能立即切断气源，则不允许熄灭正在燃烧的气体。喷水冷却容器，可能的话将容器从火场移至空旷处。灭火剂可采用雾状水、泡沫、二氧化碳、干粉。

5. 主要存在地点

硫化氢主要存在于净化、硫回收、气化、变换热回收、渣水处理中等。

6. 防范措施

不带火种进入现场，动火作业按要求办理动火票，进容器作业要求办理容器内作业票，现场工作时要求工艺人员监护，带气体报警仪。进入现场施救时必须戴氧气呼吸器或空气呼吸器。

五、氮气

1. 外观与性状

一般情况下，氮气是一种无色、无味、无臭的气体，且通常无毒。氮气占大气总量的 78.12%，是空气的主要成分。氮气的化学性质很稳定，常温下很难跟其他物质发生反应。

2. 对健康的影响

空气中氮气含量过高，使吸入气的氧分压下降，引起缺氧窒息。

吸入氮气浓度不太高时，患者最初感胸闷、气短、疲软无力；继而有烦躁不安、极度兴奋、乱跑、叫喊、神情恍惚、步态不稳，可进入昏睡或昏迷状态。吸入高浓度氮气，患者可迅速昏迷，因呼吸和心跳停止而死亡。

3. 急救措施

迅速脱离现场至空气新鲜处，保持呼吸道通畅。如呼吸困难，给输氧。如呼吸停止，立即进行人工呼吸、就医。

4. 主要存在地点

氮气主要存在于净化、气化、氮气加热炉控制柜、变换热回收、渣水处理中。

5. 防范措施

进容器作业要求办理容器内作业票，现场工作时要求工艺人员监护。但当作业场所空气中氧气浓度低于 18% 时，必须佩戴氧气呼吸器或空气呼吸器。

六、六氟化硫

1. 外观与性状

六氟化硫是无色无臭气体，化学性质稳定。不燃。但在电弧的作用下，SF_6 会部分分解产生一些气体（氟化硫）和固体粉末（金属硫化物），这些是剧毒物质。如果这些产物与潮气接触（口腔黏膜、呼吸器官、眼睛等），刺激性会很大。这些产物的气味跟臭鸡蛋类似，非常刺激、难闻。固体分解物起初是稍白的粉末，跟空气中的湿气接触后变成灰色的非常紧密的结构，如果是皮肤接触会有非常强的刺痛感。

2. 对健康的影响

六氟化硫纯品基本无毒。但产品中如混杂低氟化硫、氟化氢，特别是十氟化硫时，则毒性增强。当吸入高浓度 SF_6 时可出现呼吸困难、喘息、皮肤和黏膜变蓝、全身痉挛等窒息症状。吸入时应迅速脱离现场至空气新鲜处，保持呼吸道通畅。如呼吸困难，给输氧。如呼吸停止，立即进行人工呼吸、就医。

3. 急救措施

应急处理：迅速撤离泄漏污染区人员至上风处，并进行隔离，严格限制出入。应急处理人员戴自给正压式呼吸器，尽可能切断泄漏源。合理通风，加速扩散。

4. 气体绝缘开关设备（GIS）维护注意事项

维护气体绝缘开关设备时，必须对 SF_6 特别处理后再储存，同时必须将有关的舱室抽真空。在打开设备前，给设备充入干燥的压缩气体并排空两三次，以便排出粉末中的气体。打开设备后，最好使用吸尘器吸出粉末，而不是将其用压缩气体吹出来。工作时要戴上口罩和防护眼镜以避免因误操作引起的危险。如果室内 SF_6 气体泄漏，必须对室内进行彻底的通风。对较低的区域要特别注意，譬如说电缆沟，这些地方会聚集气体。由于该气体无味，在由缺氧造成的呼吸困难前不易被觉察。

5. 储存注意事项

六氟化硫储存于阴凉、通风的库房。远离火种、热源。库温不宜超过30℃。应与易（可）燃物、氧化剂分开存放，切忌混储。储区应备有泄漏应急处理设备和通风设备。

6. 防范措施

关注 GIS 室各气室的压力，进入 GIS 室前开通风机进行彻底的通风。进入现场按规范着装，坚持两人工作制，相互提醒。

七、粉尘

粉尘是指悬浮在空气中的固体微粒，危害人的健康。当人体吸入粉尘后，小于 $5\,\mu m$ 的微粒，极易深入肺部，引起中毒性肺炎或硅沉着病。

主要存在地点：气化、煤储运场所。

防范措施：正确配戴口罩。

八、机械伤害

机械性伤害主要指机械设备运动（静止）部件、工具、加工件直接与人体接触引起的夹击、碰撞、剪切、卷入、绞、碾、割、刺等形式的伤害。各类转动机械的外露传动部分（如齿轮、轴、履带等）和往复运动部分都有可能对人体造成机械伤害。

主要存在地点：全厂转动设备、传动设备。

防范措施：进入现场按规范着装，坚持两人工作制，相互提醒，在工艺人员监护下工作，尽量避免交叉作业。接近转动部位时不戴手套、不戴项链等饰品。女同志头发不过肩。

九、交通伤害

交通伤害是指车辆在道路上因过错或者意外造成人身伤害。

主要存在地点：全厂及上下班的道路、车辆。

防范措施：现场工作坚持两人工作制，相互提醒，遵守《道路交通安全法》。

十、蓄水池

人不慎落入其中有呛着或溺亡危险。

主要存在地点：污水生化池、气化渣水灰水处理池、气化渣池、综合泵房水池、公用工程雨水收集池、循环水冷却塔。

防范措施：工作中集中注意力，远离蓄水池，必须靠近时系挂安全带。

十一、酸、碱腐蚀

主要存在地点：脱盐水酸、碱泵，酸、碱管理线，次氯酸钠泵及管线。

防范措施：进入以上区域戴防酸碱手套、眼镜。

十二、噪声

主要指生产中产生的噪声。主要来自机器和高速运转设备和气体放空。

主要存在地点：余热发电、现场泵区、磨煤厂房、气化车间、甲醇合成车间、运输煤皮带。

防范措施：远离危险源。进入噪声区域戴隔音耳塞。

十三、高温

主要存在地点：各生产装置的蒸汽管线、工艺管线、加热炉等。

防范措施：进入现场按规范着装，远离危险源。坚持两人工作制，相互提醒，在工艺人员监护下工作。

十四、低温

主要存在地点：净化冷箱。

防范措施：进入现场按规范着装，远离危险源。坚持两人工作制，相互提醒，在工艺人员监护下工作。

十五、高处坠落

主要存在地点：凡在高处作业均有高处坠落危险。一般规定高于基准面2m作业必须系挂安全带。

防范措施：进入现场按规范着装，远离危险源。坚持两人工作制，相互提醒，高处作业正确系挂安全带，15m以上作业需办理高处作业票，30m以上作业需体检。

十六、高处坠物

主要存在地点：生产现场。

防范措施：进入现场按规范着装，远离交叉作业场所。坚持两人工作制，相互提醒，正确佩戴安全帽。

第三章 典型单元操作设备

第一节　物料输送设备

在化工生产过程中所处理的原料都必须按照生产工艺的要求，依次将它们输送到各设备内进行化学反应或物理变化，而制成的产品也必须输送到储罐内储存，这些生产过程都需要物料输送技术来完成。物料输送是化工生产过程中最基本的操作单元，是联系各操作单元的纽带，是化工生产不可缺少的过程。

物料的状态、性质及生产工艺要求的不同，化工生产过程中物料的输送方式也有很多种形式。

（1）液体物料输送方式　泵输送、压缩输送和真空输送，所用输送机械为各种类型的输送泵、压缩机和真空泵。

（2）气体物料输送方式　压缩输送和吸收输送。压缩输送根据输送的压力不同，所用的输送机械分为通风机、鼓风机和压缩机。吸收输送所用机械为真空泵。

（3）固体物料输送方式　带式输送、斗式输送、螺旋输送和气力输送等，相应的输送机械为带式输送机、斗式输送机、螺旋输送机和鼓风机等。

在化工厂中，生产中所选用的物料输送机械必须要能满足生产过程的要求。由于生产需要是多种多样的，因而输送机械也有多种不同的类型和规格，通常可以通过设备上的铭牌来进行确认，如果设备没有铭牌，可根据设备的外形根据所学知识来确认。下面将化工生产中常用的一些输送机械的类型、外形和工作原理作简单的介绍，以便读者更好地认识物料输送过程。

一、液体输送设备

液体输送机械就是向流体做功以提高流体机械能的装置。流体通过流体输送机械后即可获得能量，以用于克服液体输送过程中的机械能损失，提高位能以及提高流体压强（或减压）等。常规的液体输送设备为各种类型的输送泵、压缩机和真空泵。

1. 泵的分类和基本结构

泵按作用原理可分为叶轮式泵（离心泵、轴流泵和旋涡泵）、容积式泵（往复泵和转子泵），按用途可分为水泵、耐腐蚀泵、油泵、杂质泵和屏蔽泵等，按结构特点可分为悬臂泵、立式泵、卧式泵和液下泵等。

泵由泵头、电机和底板组成，如图 3-1 所示。泵头的主要工作部件是泵体、叶轮、密封等，电机提供动力部件，底板为安装部件。

图 3-1　泵的结构

各类泵在出厂前都钉有一个铭牌。铭牌上标示了该台泵的型号、流量、扬程、转速、轴功率和效率等有关泵性能的指标。这些指标称为泵的性能参数，它表示泵在这些额定状况下运转时最经济合理。

泵的主要性能参数介绍。

（1）扬程 H　泵在输送单位液体量时，泵出口能量的增加值，包括液体静压头、速度头及几何位能等能量增加的总和，以"m 液柱"表示。H 与泵的结构（如叶轮的直径、叶片的弯曲情况等）、叶片的转速和流量有关。在指定转速下，H 与 Q 之间具有一确定的关系，可由实验测得。

（2）流量 Q　泵单位时间内抽入或排出液体的体积称为流量，以 m^3/h 或 L/s 表示。Q 与泵的结构、尺寸、转速等有关，实际流量还与管路特性有关。

（3）必需汽蚀余量　泵进口处必须具有超过输送温度下液体汽化压力的能量，单位为 m。

（4）功率与效率　有效功率指单位时间内泵对液体所做的功；轴功率是指原动机传给泵的功率，随设备的尺寸、流体的黏度、流量等的增大而增大；效率是指有效功率和轴功率之比。离心泵的效率与泵的大小、类型、制造精度和所输送液体的性质、流量有关，此值由实验测得。

2. 离心泵

离心泵是利用叶轮高速旋转而使液体发生离心运动来工作的。为了使离心泵能正常工作，离心泵必须配备一定的管路和管件，这种配备有一定管路系统的离心泵称为离心泵装置。图 3-2 所示为离心泵的一般工作装置示意图，主要有底阀、吸入管路、出口阀、出口管线等。离心泵主要由叶轮、泵壳和轴封装置三部分组成，叶轮上安装有 6～8 片后弯叶片，泵壳中央的吸入口与进口管相连，进口管的末端装有底阀，以防止停车时泵内液体倒流回储液槽内。离心泵的叶轮安装在泵壳内，并紧固在泵轴上，泵轴由电机直接带动。液体经底阀和进口管进入泵内，由排出管排出。

图 3-3 所示为 IS 型单级单吸离心泵，其主要由叶轮、泵壳和轴封装置三部分组成。

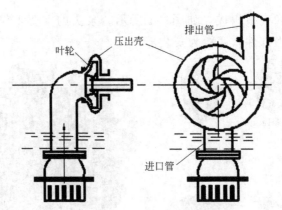

图 3-2 离心泵工作示意图

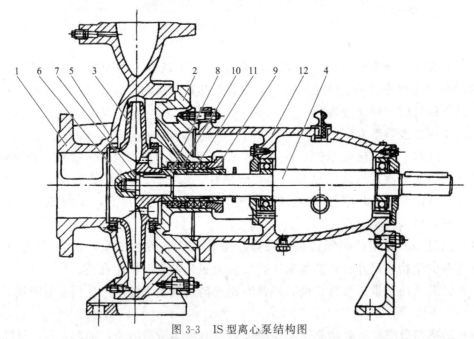

图 3-3 IS型离心泵结构图

1—泵体 ; 2—泵盖；3—叶轮；4—轴；5—密封环；6—叶轮螺母；7—止动垫圈；8—轴盖；9—填料压盖；
10—填料环；11—填料；12—悬架轴承部件

电机通过泵轴带动叶轮旋转产生离心力，在离心力作用下，液体沿叶片流道被甩向叶轮出口，液体经蜗壳收集送入排出管。液体从叶轮获得能量，使压力能和速度能均增加，并依靠此能量将液体输送到工作地点。在液体被甩向叶轮出口的同时，叶轮入口中心处形成了低压，在吸液罐与叶轮中心处的液体之间就产生了压差，吸液罐中的液体在这个压差作用下，不断地经吸入管路及泵的吸入室进入叶轮中。将两个以上具有同样功能的离心泵结合在一起，就组成多级离心泵，如图 3-4。

离心泵在工作前，泵体和进口管线必须灌满液体介质，防止汽蚀现象发生。

离心泵在化工生产中被大量采用，与其他类型的泵相比，离心泵具有构造简单、造价低廉，占地面积少，便于安装和维护，转速高、流量均匀易于调节和可靠性强等优点。缺点是不具有自吸作用，在启动时一定要在进口管和叶轮中充满液体，另外离心泵扬程较低且受流量的影响，效率也较低，对泵的密封要求高，运转时若有空气漏入泵

图 3-4　多级离心泵

内，易产生气栓而降低排液甚至不排液体。因此，离心泵常用于低扬程、大流量的场合，或用于输送含固体颗粒的悬浮液、污水和腐蚀性强的液体，不适用于黏度高的液体。

3. 旋涡泵

旋涡泵（也称涡流泵）是一种叶轮泵，是靠旋转叶轮对液体的作用力，在液体运动方向上给液体以冲量来传递动能以实现输送液体。旋涡泵是一种高压泵、清水泵。

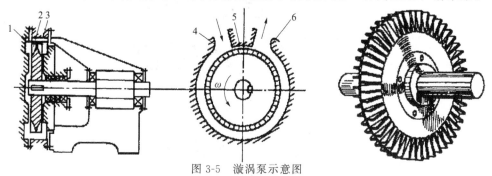

图 3-5　漩涡泵示意图

1—泵盖；2—叶轮；3—泵体；4—吸入口；5—隔板；6—排出口

旋涡泵主要由叶轮、泵体和泵盖组成，如图 3-5 所示。叶轮是一个圆盘，圆周上的叶片呈放射状均匀排列。泵体和叶轮间形成环形流道，吸入口和排出口均在叶轮的外圆周处。吸入口与排出口之间有隔板，由此将吸入口和排出口隔离开。当叶轮旋转时，在离心力的作用下，叶轮内液体的圆周速度大于流道内液体的圆周速度，故形成图 3-5 所示的"环形流动"。又由于自吸入口至排出口液体跟着叶轮前进，这两种运动的合成结果，就使液体产生与叶轮转向相同的"纵向旋涡"，因而得到旋涡泵之名。其外形结构如图 3-6 所示。

旋涡泵是结构最简单的高扬程泵，具有自吸能力或借助于简单装置实现自吸，某些泵可以实现气液混输，也可以用来输送汽油等易挥发的物料。旋涡泵随着抽送液体黏度增加，泵效率急剧下降，因而不适宜输送黏度大的液体，效率较低，一般只适用于小功率泵。

4. 齿轮泵

齿轮泵是依靠泵缸与啮合齿轮间所形成的工作容积变化和移动来输送液体或使之增

图 3-6 旋涡泵

压的回转泵。齿轮泵是容积式泵的一种，由两个齿轮、泵体与前后盖组成两个封闭空间，当齿轮转动时，齿轮脱开侧的空间的体积从小变大，形成真空，将液体吸入，齿轮啮合侧的空间的体积从大变小，而将液体挤入管路中去。吸入腔与排出腔是靠两个齿轮的啮合线来隔开的。齿轮泵的排出口的压力完全取决于泵出口处阻力的大小。齿轮泵的工作原理如图 3-7 所示。

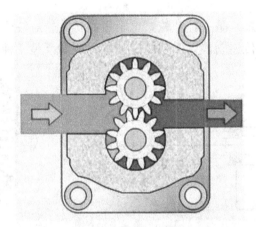

图 3-7 齿轮泵工作原理

图 3-8 齿轮泵外形结构

图 3-8 为齿轮泵的外形结构图。齿轮泵结构简单、紧凑，流量均匀、工作可靠、维修保养方便，扬程高而流量小，工作范围宽，具有良好而稳定的效率。当排出压力较高时，齿轮之间和齿轮与泵壳间的泄漏增大，容积效率降低，所以又不宜用在压力太高的地方。

当输送黏性液体时，泄漏反而减小，因而特别适于输送具有润滑性和不含固体颗粒的液体，如润滑油、燃烧油等。适用于输送流量小、输出压力高和黏度较大的液体。

5. 往复泵

往复泵依靠活塞、柱塞或隔膜在泵缸内往复运动使缸内工作容积交替增大和缩小来输送液体或使之增压的容积式泵。往复泵按往复元件不同分为活塞泵、柱塞泵和隔膜泵三种类型。

图 3-9 所示为单作用往复泵结构示意图，往复泵主要部件有泵缸、活塞、活塞杆及吸入阀、排出阀。活塞自左向右移动时，泵缸内形成负压，则储槽内液体经吸入阀进入泵缸内。当活塞自右向左移动时，缸内液体受挤压，压力增大，由排出阀排出。活塞往复一次，各吸入和排出一次液体，称为一个工作循环，这种泵称为单动泵。若活塞往返一次，各吸入和排出两次液体，称为双动泵。活塞由一端移至另一端，称为一个冲程。

往复泵的流量与压头无关，与泵缸尺寸、活塞冲程及往复次数有关。往复泵的实际流量比理论流量小，且随着压头的增高而减小，这是因为漏失所致。往复泵的压头与泵的流量及泵的几何尺寸无关，而由泵的机械强度、原动机的功率等因素决定。

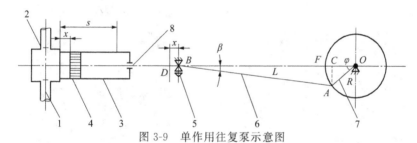

图 3-9 单作用往复泵示意图

1—吸入阀；2—排出阀；3—液缸；4—活塞；5—十字头；6—连杆；7—曲轴；8—填料函

图 3-10 为往复泵外形图。往复泵启动时不需灌入液体，因往复泵有自吸能力，但高压往复泵吸上真空高度亦随泵安装地区的大气压力、液体的性质和温度而变化，故往复泵的安装高度也有一定限制。往复泵的流量不能用排出管路上的阀门来调节，而应采用旁路管或改变活塞的往复次数、改变活塞的冲程来实现。往复泵启动前必须将排出管路中的阀门打开。往复泵的活塞由连杆曲轴与原动机相连。原动机可用电机，亦可用蒸汽机。往复泵适用于高压头、小流量、高黏度液体的输送，但不宜于输送腐蚀性液体。有时由蒸汽机直接带动，输送易燃、易爆的液体。

图 3-10 往复泵

6. 隔膜泵

隔膜泵又称控制泵，一般由执行机构和阀门组成，通过接受调制单元输出的控制信号，借助动力操作去改变流体流量。隔膜泵按其所配执行机构使用的动力不同，可以分为气动、电动、液动三种，即以压缩空气为动力源的气动隔膜泵、以电为动力源的电动隔膜泵和以液体介质（如油等）压力为动力的液动隔膜泵。另外，按其功能和特性分为电子式、智能式等。隔膜泵的产品类型很多，结构也多种多样，而且还在不断更新和变化。一般来说阀是通用的，既可以与气动执行机构匹配，也可以与电动执行机构或其他执行机构匹配。

气动隔膜泵是应用最广的一种隔膜泵。它采用压缩空气为动力源，在泵的两个对称工作腔中，各装有一块弹性的隔膜，连杆将两块隔膜连接成一体，压缩空气从泵的进气接头进入配气阀后，推动两个工作腔中的隔膜，驱使连杆连接的两块隔膜同步运动，与此同时，另一工作腔中的气体则从隔膜的背后排除泵外。一旦到达行程终点，配气机构则自动将压缩空气引入另一个工作腔，推动隔膜向相反方向运动，这样就形成了两个隔膜的同步反复运动。每个工作腔设置了两个单向球阀，隔膜的反复运动，造成工作腔容积的改变，迫使两个单向球阀交替地开启和关闭，从而使液体连续吸入和排出。图 3-11 为隔膜泵工作原理图。

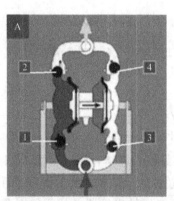

图 3-11　隔膜泵工作原理
注：1，2，3，4 代表单向球阀

图 3-12　隔膜泵

隔膜泵有四种材质：塑料、铝合金、铸铁、不锈钢。隔膜泵膜片根据不同液体介质分别采用丁腈橡胶、氯丁橡胶、氟橡胶、聚四氟乙烯，以满足不同用户的需要。安置在各种特殊场合，用来抽送常规泵不能抽吸的介质，均取得了满意的效果。

图 3-12 所示为隔膜泵外形图。气动隔膜泵采用压缩空气为动力源，所以流量随背压（出口阻力）的变化而自动调整，适合用于中高黏度的流体。工作过程中无热量产生、机器不会过热又不可能产生火花，故在易燃易爆的环境中用气动泵可靠且成本低。可以通过带颗粒的液体，对物料的剪切力极低，适用于不稳定物质的输送，具有自吸功能，可以空运行，无泄漏。另外隔膜泵体积小易于移动，不需要地基，占地面积小，安装简便经济，维修方便，可作为移动式物料输送泵。

二、气体输送设备

气体输送设备是用于压缩和输送气体的设备的总称，在各工业部门应用极为广泛。主要有下列三种用途：①将气体由甲处输送到乙处，气体的最初和最终压力不改变（送风机）；②用来提高气体压力（压缩机）；③用来降低气体（或蒸气）压力（真空泵）。

一般根据所产生的压力分为四类，如表 3-1 所示。

表 3-1 气体输送设备的类别

名称	压力	二级分类	用途	压缩比
通风机	0.115 MPa 以下	轴流风机 离心风机	通风、干燥	1～1.15
鼓风机	0.115～0.4 MPa	罗茨鼓风机 离心鼓风机	原料气的压缩，液体物料的压送，固体物料的气流输送	小于 4
压缩机	0.4 MPa 以上	离心式 螺杆式 往复式	工艺气体、气动仪表用风、压料过滤、吹扫管道	大于 4
真空泵	减压 极限接近零			

1. 离心式通风机

离心式通风机由叶轮、机壳、进风口及传动部分等四部分组成，机壳中的叶轮安装在由原动机拖动的转轴上。风机在工作中，气流由风机轴向进入叶片空间，在叶轮的驱动下一方面随叶轮旋转从而获取离心力，然后沿半径方向离开叶轮，从叶片间的开口处甩出。被甩出的气体挤入机壳，机壳内的气体压强增高，最后导向出风口。气体被甩出后，叶轮中心部位压强降低，外界气体从风机的吸入口通过叶轮前盘的孔口吸入，源源不断输送气体。

离心式通风机外形如图 3-13 所示。离心式通风机广泛用于工厂、矿井、隧道、冷却塔、车辆、船舶和建筑物的通风、排尘和冷却，也用于空气调节设备和家用电器设备中的冷却和通风。

图 3-13 离心式通风机

2. 罗茨鼓风机

罗茨鼓风机是利用两个叶形转子在气缸内做相对运动来压缩和输送气体的回转压缩机。罗茨鼓风机系属容积回转鼓风机，这种压缩机靠转子轴端的同步齿轮使两转子保持啮合。转子上每一凹入的曲面部分与气缸内壁组成工作容积，在转子回转过程中从吸气口带走气体，当移到排气口附近与排气口相连通的瞬时，因有较高压力的气体回流，这时工作容积中的压力突然升高，然后将气体输送到排气通道。两转子互不接触，它们之间靠严密控制的间隙实现密封，故排出的气体不受润滑油污染。工作原理如图 3-14 所示。

罗茨鼓风机的工作原理与齿轮泵类似，属于正位移型。风量与转速成正比，与出口压强无关。风机出口应装稳压罐，并设安全阀。流量调节采用旁路，出口阀不可完全关闭。操作时，气体温度不能超过 85℃，否则转子会因受热膨胀而卡住。

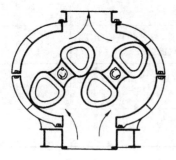

图 3-14　罗茨鼓风机的工作原理　　　　图 3-15　罗茨鼓风机

图 3-15 所示为罗茨鼓风机外形图。罗茨鼓风机结构简单、制造方便，适用于低压力场合的气体输送和加压，也可用于真空泵。

3. 离心式鼓风机

离心式鼓风机是利用装有许多叶片的工作旋轮所产生的离心力来挤压空气，以达到一定的风量和风压。其外形与离心泵相似，内部结构也有许多相同之处，如图 3-16 所示。离心式鼓风机的蜗壳形通道亦为圆形，但外壳直径与厚度之比较大，叶轮上叶片数目较多，转速较高，叶轮外周都装有导轮。

图 3-16　离心式鼓风机

4. 活塞式压缩机

活塞式压缩机工作原理如图 3-17 所示，当曲轴旋转时，通过连杆的传动，驱动活塞做往复运动，由气缸内壁、气缸盖和活塞顶面所构成的工作容积则会发生周期性变化。活塞式压缩机的活塞从气缸盖处开始运动时，气缸内的工作容积逐渐增大，此时气体沿着进气管推开进气阀进入气缸，直到工作容积变到最大为止，进气阀关闭；活塞式压缩机的活塞反向运动时，气缸内的工作容积逐渐缩小，气体压力升高，当气缸内的压力达到并略高于排气压力时，排气阀打开，气体排出气缸，直到活塞运动到达极限位置为止，排气阀关闭。曲轴旋转一周，活塞往复一次，气缸内相继实现进气、压缩、排气的过程，即完成一个工作循环。

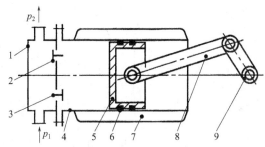

图 3-17　往复活塞式压缩机简图
1—气缸盖；2—排气阀；3—进气阀；4—气缸；5—活塞；6—活塞环；
7—冷却套；8—连杆；9—曲轴

活塞式压缩机具有装置系统比较简单、使用压力范围广、单位耗电量少、可维修性强等优点。但仅能间断地进气、排气，气缸容积小，活塞往复运动不能太快，因而排气量受到很大限制。活塞式压缩机适用于各种场合，特别是中小流量范围内，是应用最广、生产批量最大的一种机型。

5. 离心式压缩机

离心式压缩机（图 3-18）是利用旋转叶轮实现能量转换，使气体主要沿离心方向流动从而提高气体压力的机器。结构形式有中低压水平剖分型、垂直剖分（高压圆筒）型和多轴式三种。水平剖分型气缸剖分为上下两部分，螺栓连接，上下机壳为组合件，由缸体和隔板组成，适于中低压压缩机（一般低于 5 MPa）。垂直剖分型气缸为筒形，隔板上下剖分，螺栓连接成为整体，气缸两侧端盖用螺栓紧固，隔板转子组装后送入筒形缸体，抗内压能力强，密封好，刚性好，温度、压力引起的变形均匀，适于压力高、易泄漏的气体。多轴式的齿轮箱中一个大齿轮驱动几个小齿轮，每个轴的一端或两端安装有叶轮。叶轮轴向进气，径向排气，以管道连接各级。从动轴转速不同，各级均在最佳状况下运行。适于中低压空气、蒸汽或惰性气体。图 3-19 为离心式压缩机的实体图。

（1）气体由吸气室吸入，通过叶轮对气体做功后，使气体的压力、速度、温度都得到提高，然后再进入扩压器，将气体的速度能转变为压力能。

（2）当通过一级叶轮对气体做功、扩压后不能满足输送要求时，就必须把气体再引入下一级继续进行压缩。为此，在扩压器后设置了弯道、回流器，使气体由离心方向变为向心方向，均匀地进入下一级叶轮进口。

（3）各级经蜗壳及排出管被引出至中间冷却器。冷却后的气体再经吸气室进入以后各级继续压缩，最后由排出管输出。

（4）气体在离心式压缩机中是沿着与压缩机轴线垂直的半径方向流动的。

6. 水环真空泵

水环真空泵由叶轮、泵体、吸排气盘、水在泵体内壁形成的水环、吸气口、排气口、辅助排气阀等组成的。图 3-20 为水环真空泵工作原理图。叶轮被偏心地安装在泵体中，当叶轮旋转时，进入水环泵泵体的水被叶轮抛向四周，由于离心力的作用，水形

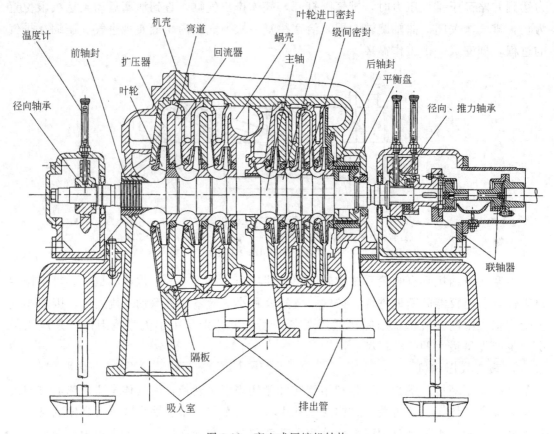

图 3-18　离心式压缩机结构

图 3-19　离心式压缩机

成了一个与泵腔形状相似的等厚度的封闭的水环。水环的上部内表面恰好与叶轮轮毂相切，水环的下部内表面刚好与叶片顶端接触。此时，叶轮轮毂与水环之间形成了一个月牙形空间，而这一空间又被叶轮分成与叶片数目相等的若干个小腔。如果以叶轮的上部0°为起点，那么叶轮在旋转前180°时，小腔的容积逐渐由小变大，压强不断降低，且与吸排气盘上的吸气口相通，当小腔空间内的压强低于被抽容器内的压强，根据气体压强平衡的原理，被抽的气体不断地被抽进小腔，此时正处于吸气过程。当吸气完成时与吸气口隔绝，叶轮继续旋转时，小腔的容积正逐渐减小，压力不断地增大，此时正处于压缩过程，被压缩的气体从排气口被排出，在泵的连续运转过程中，不断地进行着吸气、

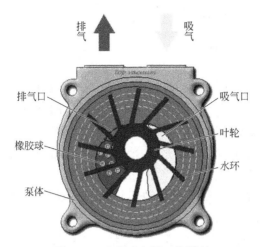

图 3-20 水环真空泵工作原理

压缩、排气过程,从而达到连续抽气的目的。

在工业生产的许多工艺过程中,如真空过滤、真空引水、真空送料、真空蒸发、真空浓缩、真空回潮和真空脱气等,水环泵得到广泛的应用。由于真空应用技术的飞跃发展,水环泵在粗真空获得方面一直被人们所重视。由于水环泵中气体压缩是等温的,故可抽除易燃、易爆的气体,此外还可抽除含尘、含水的气体,因此,水环泵应用日益增多。

图 3-21 水环真空泵

图 3-21 所示为水环真空泵外形图。水环真空泵的优点有:结构简单,制造精度要求不高,容易加工;结构紧凑,泵的转数较高,一般可与电动机直联,无须减速装置,故用小的结构尺寸,可以获得大的排气量,占地面积也小;压缩气体基本上是等温的,即压缩气体过程温度变化很小,由于泵腔内没有金属摩擦表面,无须对泵内进行润滑,而且磨损很小;转动件和固定件之间的密封可直接由水封来完成;吸气均匀,工作平稳可靠,操作简单,维修方便。缺点:效率低,一般在 30% 左右,较好的可达 50%;真空度低,这不仅是因为受到结构上的限制,更重要的是受工作液饱和蒸气压的限制;用水作工作液,极限压强只能达到 2000~4000Pa,用油作工作液,可达 130Pa。总之,由于水环泵中气体压缩是等温的,故可以抽除易燃、易爆的气体。由于没有排气阀及摩擦表面,故可以抽除带尘埃的气体、可凝性气体和气水混合物。因为这些突出的特点,尽

管它效率低，仍然得到了广泛的应用。

三、固体物料输送设备

1. 输送机

输送机是运用输送带的连续或间歇运动来输送各种轻重不同的固体物料，既可输送各种散料，也可输送各种纸箱、包装袋等单件重量不大的件货，用途广泛。

带式输送机是连续运机中效率最高、使用最普遍的一种机型。带式输送机结构如图 3-22 所示，其牵引构件和承载构件是一条无端的运输带 1，运输带绕在机架两端的传动滚筒 14 和改向滚筒 6 上，由张紧装置张紧，在沿运输带长度方向上用上托辊 2 和下托辊 10 支承，构成封闭循环线路。当驱动装置驱动传动滚筒回转时，由传动滚动与运输带间的摩擦力带动运输带运行。

常使用的运输带有橡胶运输带和塑料运输带，需要长距离输送时常使用具有高强度的夹钢丝芯的橡胶运输带。

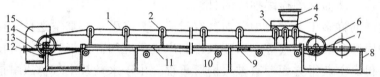

图 3-22　带式输送机

1—运输带；2—上托辊；3—缓冲托辊；4—料斗；5—导料槽；6—改向滚筒；7—螺旋张紧装置；8—尾架；9—空段清扫器；10—下托辊；11—中间架；12—弹簧清扫器；13—头架；14—传动滚筒；15—卸料装置

螺旋输送机是一种不具有牵引构件的连续输送机械，结构如图 3-23 所示。螺旋输送机构造包括有下部的半圆形料槽 2 和在其内安置的装在悬挂轴承 3 上的螺旋 1。由驱动装置 10 带动螺旋 1 转动，物料通过加料斗 6 或 7 装入料槽 2 内，有卸料口 8 或 9 出卸料。在中间卸料口 8 出，装有能关闭的卸料闸门。当驱动装置带动螺旋运转时，加入槽内的物料由于本身重力及其对料槽的摩擦力的作用，沿料槽向前移动。图 3-24 所示为螺旋输送机外形图。

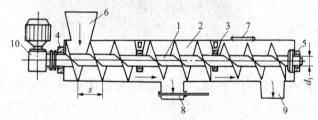

图 3-23　螺旋输送机结构简图

1—螺旋；2—料槽；3—悬挂轴承；4—首端轴承；5—末端轴承；6—加料斗；7—中间加料斗；8—中间卸料口；9—卸料口；10—驱动装置

2. 升降机

升降机是将物料提升到操作平台的机械。升降机的种类很多，斗式提升机是常用的一种升降机。斗式提升机由封闭的牵引构件 11、固定在牵引构件上的驱动滚筒（或链轮）9 和下部的张紧装置等组成，结构见图 3-25。斗式提升机的运行部分和滚筒（或链轮）都安装在封闭的机壳内，机壳由上部区段、中间机壳和下部区段组成。装有料斗的

图 3-24　螺旋输送机

牵引构件由驱动装置驱动，并由张紧装置张紧，物料由机壳下部的进料口装入，当料斗提升到上部滚筒时，卸入卸料口。斗式提升机结构简单，占地面积小，输送能力大，输送高度较高，但过载敏感性大且牵引件容易损坏，必须均匀地供给物料。

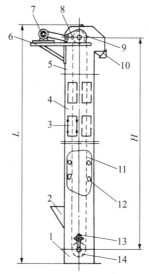

图 3-25　斗式提升机结构简图

1—下部区段；2—进料口；3—检视门；4—中间机壳；5—上部区段；6—平台；7—电机；
8—减速器；9—驱动滚筒；10—卸料口；11—牵引件；12—料斗；13—张紧装置；14—张紧滚筒

第二节　换热设备

传热在化工生产过程中是一个非常重要的操作单元，绝大部分过程的温度控制、调节都是通过传热进行的。用于在两种或两种以上具有不同温度的介质进行热量传递的装置称为换热设备，它是化工、炼油、动力、食品、轻工、原子能、制药、机械及其他许多工业部门广泛使用的一种通用设备。

通常情况下，换热时的能量传递都是从高温介质向低温介质传递，一般这个过程都在换热器中进行。在化工生产过程中，通常根据换热器的工艺功能命名，如加热器、预热器、过热器、蒸发器、再沸器、冷却器和冷凝器等。

换热器也可按作用原理和传热方式分类。具体分类方法如下。

（1）直接接触式换热器　又称混合式换热器。利用冷、热流体直接接触，彼此混合进行换热。如冷却塔、冷凝器等。为增加两流体接触面积，充分换热，在设备中常放置填料和栅板，通常采用塔状结构。其优点是传热效率高、单位容积传热面积大、设备结构简单、价格便宜等。但缺点是仅适用于工艺上允许两种流体混合的场合。

（2）蓄热式换热器　又称回热式换热器，借助固体（如固体填料或多孔性格子砖等）构成的蓄热体，使热流体和冷流体交替接触，把热量从热流体传递给冷流体。其优点是结构紧凑、价格便宜、单位体积传热面大，适用于气–气热交换。如回转式空气预热器。若两种流体不允许混合，不能采用蓄热式换热器。

（3）间壁式换热器　又称表面式换热器，利用间壁（固体壁面）进行热交换。冷热两种流体隔开，互不接触，热量由热流体通过间壁传递给冷流体。间壁式换热器应用最为广泛，形式多种多样，如管壳式换热器、板式换热器等。

（4）中间载热体式换热器　将两个间壁式换热器由在其中循环的载热体连接。载热体在高温流体换热器和低温流体换热器间循环，从高温流体换热器中吸收热量，在低温流体换热器中释放热量给低温流体，如热管式换热器。

下面以间壁式换热器为例介绍化工生产过程中常见的换热器的外形结构和工作原理。间壁式换热器按传热管的结构形式不同，可分为管式换热器、板面式换热器和其他形式换热器。

一、管式换热器

管式换热器结构坚固、可靠、适应性强、易于制造、能承受较高操作压力和温度。在高温、高压和大型换热器中，管式换热器仍占绝对优势，是目前使用最广泛的一类换热器。

（一）蛇管式换热器

蛇管式换热器是把管子弯成螺旋弹簧状或平面螺旋状，是最早出现的一种换热设备。蛇管式换热器可用于反应器内液体的热交换，因为其完全沉浸于液体中，又称为沉浸式蛇管，如图3-26所示。

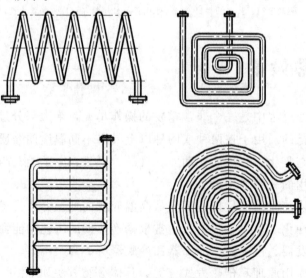

图3-26　沉浸式蛇管

　　这种换热器结构简单，造价低廉，操作敏感性较小，管子可承受较大流体介质压力；但管外流体流速很小，因而传热系数小，传热效率低，需要的传热面积大，设备显得笨重。常用于传热要求不大的场合。

　　蛇管式换热器也可用于室外喷淋，又称喷淋式蛇管，如图 3-27 所示。

　　喷淋式蛇管结构简单、管外流体传热系数大，便于检修和清洗。但体积庞大，冷却水用量较大，有时喷淋效果不够理想，适用于管内流体压力较高的场合。

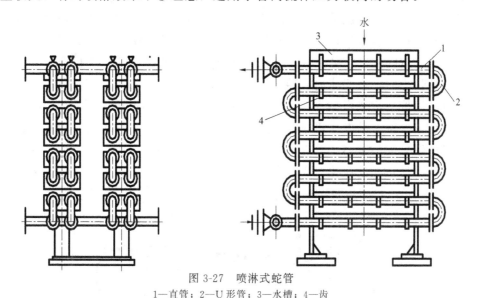

图 3-27 喷淋式蛇管
1—直管；2—U 形管；3—水槽；4—齿

（二）套管式换热器

　　套管式换热器通过两种不同尺寸的标准管管子组装成同心套管，用 U 形弯管连接成排，根据实际需要，排列组合形成传热单元，如图 3-28 所示。同心套管的内管作为传热元件，内部为管程流体，外部为壳程流体。套管式换热器结构简单，传热面积增减自如，操作弹性大，两侧流体均可提高流速，两侧传热系数高。缺点是占地面积大和金属消耗大，检修、清洗和拆卸较麻烦，可拆连接处易泄漏。一般用于高温、高压、小流量流体和所需传热面积不大的场合。

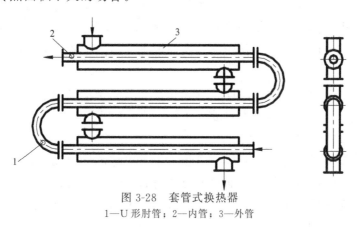

图 3-28 套管式换热器
1—U 形肘管；2—内管；3—外管

（三）管壳式换热器

管壳式换热器又称列管式换热器，是以封闭在壳体中管束的壁面作为传热面的间壁式换热器。这种换热器结构较简单，操作可靠，可用各种结构材料（主要是金属材料）制造，能在高温、高压下使用，是目前应用最广的类型。

管壳式换热器主要由壳体、传热管束、管板、折流板（挡板）和管箱等部件组成，如图 3-29 所示。壳体多为圆筒形，内部装有管束，管束安装在管板上。进行换热的冷热两种流体，一种在管内流动，称为管程流体，从管箱进口接管流入，通过管板、换热管束，从管箱出口接管流出；另一种在管外流动，称为壳程流体，从壳程接管进出管出入，从壳体与管束间的间隙处流过。管束的表面积即为传热面积。为提高管外流体的传热系数，沿管长方向，在壳体内安装若干垂直于管束的折流挡板，挡板可提高壳程流体速度，迫使流体按规定路程多次横向通过管束，增强流体湍流程度。常用的折流挡板有圆缺形和圆盘形两种，前者应用较为广泛。换热管在管板上可按等边三角形或正方形排列。等边三角形排列较紧凑，管外流体湍动程度高，传热系数大；正方形排列则管外清洗方便，适用于易结垢的流体。

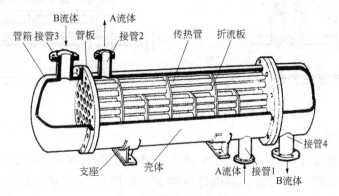

图 3-29 管壳式换热器

流体每通过管束一次称为一个管程，每通过壳体一次称为一个壳程。图 3-29 所示为最简单的单壳程单管程换热器，简称为 1-1 型换热器。当换热器换热面积较大时，为提高管内流体速度，可在两端管箱内设置隔板，将全部管子均分成若干组。这样流体每次只通过部分管子，因而在管束中往返多次，这称为多管程。同样，为提高管外流速，也可在壳体内安装纵向挡板，迫使流体多次通过壳体空间，称为多壳程。多管程与多壳程可配合应用。

由于传热介质温差、性质的不同，管壳式换热器的结构形式也不同，通常分为固定管板式、浮头式、U 形管式等结构形式。

1. 固定管板式换热器

固定管板式换热器由管箱、壳体、管板、管子等零部件组成。其结构特点是在壳体中设置有管束，管束两端用焊接或胀接的方法将管子固定在管板上，两端管板直接和壳体焊接在一起，壳程的进出口管直接焊在壳体上，管板外圆周和封头法兰用螺栓紧固，管程的进出口管直接和封头焊在一起，管束内根据换热管的长度设置了若干块折流板。固定管板式换热器结构较紧凑，排管较多，在相同直径下面积较大，制造较简单。这种换热器管程可以分成多程，壳程也可以分成双程，规格范围广，故在工程上广泛应用。

固定管板式换热器结构简单、紧凑，能承受较高的压力，造价低，管程清洗方便，管子损坏时易于堵管或更换，适用于壳侧介质清洁且不易结垢并能进行溶解清洗，管、壳程两侧温差不大或温差较大但壳侧压力不高的场合。由于壳程清洗困难，对于较脏或有腐蚀性的介质不宜采用。只适用于冷热流体温度差不大的场合，如果温度相差很大，换热器内将产生很大热应力，导致管子弯曲、断裂，或从管板上拉脱。因此，当管束与壳体温度差超过 50℃ 时，为减少热应力，通常在固定管板式换热器中设置柔性元件（如膨胀节、挠性管板等），来吸收热膨胀差，如图 3-30 所示。但补偿装置（膨胀节）只能用在壳壁与管壁温差低于 60～70℃ 和壳程流体压力不高的场合，一般壳程压力超过 0.6 MPa 时由于补偿圈过厚、难以收缩，失去温差补偿作用，就应考虑其他结构。

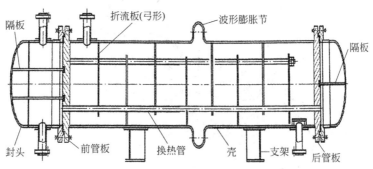

图 3-30　带膨胀节的固定管板式换热器

2. 浮头式换热器

浮头式换热器的一块管板用法兰与外壳相连，管束另一端的管板不与外壳相连，可自由浮动，完全消除了热应力，且整个管束可从壳体中抽出，便于机械清洗和检修。浮头式换热器结构如图 3-31 所示。

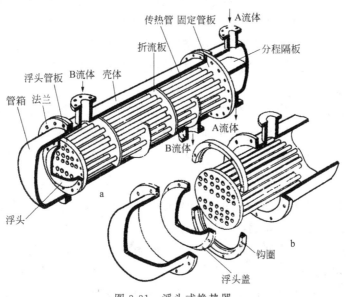

图 3-31　浮头式换热器

浮头式换热器管间和管内清洗都很方便，浮头自由伸缩，管束的膨胀不受壳体约束，不会产生温差应力。但其结构复杂，造价比固定管板式换热器高，设备笨重，材料消耗量大，且浮头端小盖在操作中无法检查，制造时对密封要求较高。适用于壳体和管束之间壁温差较大或壳程介质易结垢的场合。

3. U 形管式换热器

U 形管式换热器将每根换热管皆弯成 U 形，两端分别固定在同一管板上下两区，借助于管箱内的隔板分成进出口两室。换热管管束可以自由伸缩，完全消除了热应力。如图 3-32 所示，U 形管式换热器结构比浮头式简单，管束可以抽出清洗，但管程不易清洗。

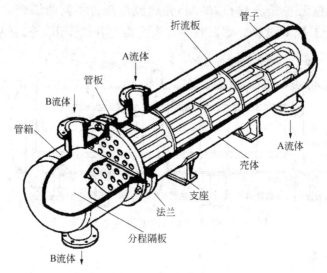

图 3-32　U 形管式换热器

U 形管式换热器结构比较简单、价格便宜，承压能力强。受弯管曲率半径限制，布管少；管束最内层管间距大，管板利用率低；壳程流体易短路，传热不利；当管子泄漏损坏时，只有外层 U 形管可更换，内层管只能堵死，坏一根 U 形管相当于坏两根管，报废率较高。适用于管、壳壁温差较大或壳程介质易结垢需要清洗，又不宜采用浮头式和固定管板式的场合。特别适用于管内走清洁而不易结垢的高温、高压、腐蚀性大的物料。

4. 釜式重沸器

釜式重沸器结构与其他几种换热器相比，其上方多出一个蒸发空间，如图 3-33 所示。管束可以为浮头式、U 形管式和固定管板式结构，与浮头式、U 形管式换热器一样，清洗维修方便；可处理不清洁、易结垢介质，能承受高温、高压（无温差应力）。

二、板面式换热器

板面式换热器按换热板面结构可分为螺旋板式换热器、板式换热器、板翅式换热器、印刷线路板换热器、板壳式换热器和伞板式换热器。其结构可强化传热；采用板材制作，大规模生产时，可降低设备成本，耐压性能比管式换热器差。

1. 螺旋板式换热器

螺旋板式换热器是传热元件由螺旋形板组成的换热器。换热器由两张平行的钢板卷制而成，形成了两个均匀的螺旋通道，两种传热介质可进行全逆流流动，大大增强了换

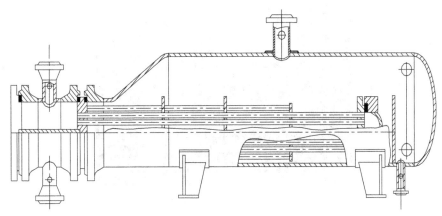

图 3-33　釜式重沸器

热效果，即使两种小温差介质，也能达到理想的换热效果。

图 3-34 所示为螺旋板式换热器结构图。在壳体上的接管采用切向结构，局部阻力小，由于螺旋通道的曲率是均匀的，液体在设备内流动没有大的转向，总的阻力小，因而可提高设计流速使之具备较高的传热能力。按结构形式可分为不可拆式（Ⅰ型）螺旋板式及可拆式（Ⅱ型、Ⅲ型）螺旋板式换热器。

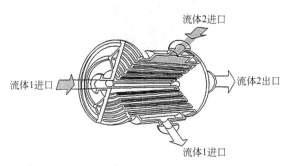

图 3-34　螺旋板式换热器结构图

图 3-35 为安装于生产现场的螺旋板式换热器。螺旋板式换热器是一种高效换热器设备，适用气-气、气-液、液-液传热。结构紧凑，单位体积提供的换热面积大，总传热系数大，传热效率高，不易堵塞。但操作压力不能太高，流体阻力较大，不易检修，且对焊接质量要求很高。

2. 板翅式换热器

板翅式换热器通常由隔板、翅片、封条、导流片组成。传热元件是由板和翅片组成的换热器。在相邻两隔板间放置翅片、导流片以及封条组成一夹层，称为通道，将这样的夹层根据流体的不同方式叠置起来，钎焊成一体便组成板束，板束是板翅式换热器的核心，配以必要的封头、接管、支撑等就组成了板翅式换热器。

图 3-36 所示为板翅式换热器结构示意图。图 3-37 所示为安装于生产现场的板翅式换热器。其中 A、B、C、D 分别为四种不同流体的进出口通道。

板翅式换热器结构紧凑，由于翅片对流体的扰动使边界层不断破裂，因而具有较大的换热系数，同时由于隔板、翅片很薄，具有高导热性，传热效率高；适应性强，可适

图 3-35　螺旋板式换热器

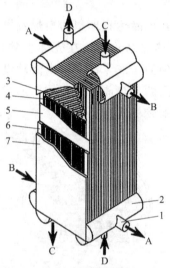

图 3-36　板翅式换热器结构示意图
1—接管；2—封头；3—导流翅片；4—传热翅片；5—隔板；6—封条；7—侧板

图 3-37　板翅式换热器

用于气-气、气-液、液-液、各种流体之间的换热以及发生相态变化的相变换热。工业上可以定型、批量生产以降低成本，通过积木式组合扩大互换性。制造工艺要求严格，工艺过程复杂。容易堵塞，不耐腐蚀，清洗检修很困难，故只能用于换热介质干净、无腐蚀、不易结垢、不易沉积、不易堵塞的场合。

三、其他形式换热器

（1）石墨换热器　耐腐蚀、良好的传热性能。

（2）聚四氟乙烯换热器　近十余年发展起来的新型耐腐蚀换热器。结构紧凑、耐腐蚀等优点。

（3）热管换热器　通过封闭热管作为传热元件，里面是特定材料制的多孔毛细结构和载热介质，在冷热区吸收及释放潜热的过程实现传热。

（4）流化床换热器　此种换热器特别适用于烟气中的粉尘较多且为气-液换热的余热回收，主要由布风板（多孔板）、砂床、换热管和壳体组成。

第三节　塔设备

塔设备是一类具有较大高径比的圆筒形的化工设备。用以使气体与液体、气体与固体、液体与液体或液体与固体密切接触，并促进其相互作用，以完成化学工业中热量传递和质量传递的过程。塔设备是化工、石油等工业中广泛使用的重要生产设备。经过长期发展，形成了型式繁多的结构，以满足各方面的需要。

图 3-38 所示为安装于生产现场的塔设备。为了便于研究和比较，人们从不同的角度对塔设备进行分类。按单元操作分为精馏塔、吸收塔、解吸塔、萃取塔、反应塔和干燥塔。用以实现精馏和吸收两种分离操作的塔设备分别称为精馏塔和吸收塔，这类塔设备的基本功能在于提供气液两相充分接触的机会，使质量、热量两种传递过程能够迅速有效地进行，还要能够使接触之后的气液两相及时分开，互不夹带。也有按形成相际接触面的方式和按塔型式分类的。但是，最常用的分类是按塔的内件结构分为板式塔和填料塔两大类，人们又按板式塔的塔盘结构和填料塔所用的填料，细分为多种塔型。

图 3-38　生产现场的塔设备

一、板式塔

板式塔内沿塔高装有若干层塔板（或称塔盘），液体靠重力作用由顶部逐板流向塔底，并在各块板面上形成流动的液层；气体则靠压强差推动，由塔底向上依次穿过各塔板上的液层而流向塔顶。气液两相在塔内逐级接触，两相的组成沿塔高呈阶梯式变化。板式塔结构见图3-39。其液体是连续相而气体是分散相，借助于气体通过塔板分散成小气泡而与板上液体相接触进行传质和传热。

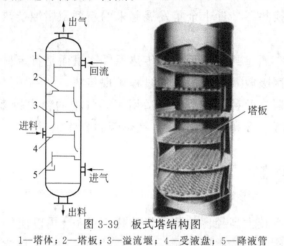

图 3-39　板式塔结构图

1—塔体；2—塔板；3—溢流堰；4—受液盘；5—降液管

常用的板式塔有泡罩塔、筛板塔、浮阀塔、舌形喷射塔以及新发展起来的一些新型塔和复合型塔（如浮动喷射塔、浮舌塔、压延金属网板塔、多降液管筛板塔等）。

1. 泡罩塔

泡罩塔是很早就为工业精馏操作所采用的一种气液传质设备。每层塔板上装有若干短管作为上升气体通道，称为升气管。由于升气管高出液面，故板上液体不会从中漏下。升气管上覆以泡罩，泡罩下部周边开有许多齿缝。操作条件下，齿缝浸没在板上液层中，形成液封，如图3-40所示。上升气体通过齿缝被分散成细小的气泡或流股进入

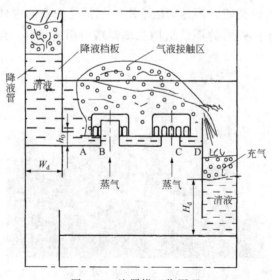

图 3-40　泡罩塔工作原理

液层。板上的鼓泡液层或充气的泡沫体为气-液两相提供了大量的传质界面。液体通过降液管流下，并依靠溢流堰以保证塔板上存有一定厚度的液层。泡罩的形式不一，化工中应用最广泛的是圆形泡罩，如图3-41所示。圆形泡罩在塔板上作等边三角形排列，泡罩中心距等于直径的4/3。泡罩塔的优点是不易发生漏液现象，有较好的操作弹性，即当气、液负荷有较大的波动时，仍能维持几乎恒定的板效率；塔板不易堵塞，对于各种物料的适应性强。缺点是塔板结构复杂，金属耗量大，造价高；板上液层厚，气体流径曲折，塔板压降大，兼因雾沫夹带现象严重，限制了气速的提高，故生产能力不大。而且，板上液流遇到的阻力大，致使液面落差大，气体分布不均，也影响了板效率的提高。因此，近年来泡罩塔已很少建造。

图3-41 圆形泡罩

2. 浮阀塔

浮阀塔是20世纪50年代前后开发和应用的，应用最广泛。气液两相流程与泡罩塔相似。塔盘上开有一定形状的阀孔，蒸气从阀孔上升，顶开阀片，穿过环形缝隙，以水平方向吹入液层，形成泡沫。浮阀能随气速的增减在相当宽的气速范围内自由升降，保持稳定操作。阀片的形状有圆形、矩形等，如图3-42所示。

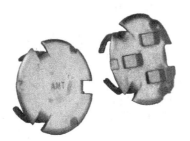

图3-42 阀片

3. 筛板塔

筛板塔是在塔板上开有许多均匀分布的筛孔，上升气流通过筛孔分散成细小的流股，在板上液层中鼓泡而出，与液体密切接触，如图3-43所示。筛孔在塔板上作正三角形排列，其直径宜为3～8m，孔心距与孔径之比在25～40范围内。塔板上设置溢流堰以使板上维持一定厚度的液层。在正常操作范围内，通过筛孔上升的气流，应能阻止液体经筛孔向下泄漏，液体通过降液管逐板流下。筛板塔的突出优点是结构简单，金属耗量小，造价低廉；气体压降小，板上液面落差也较小，其生产能力及板效率较泡罩塔高。主要缺点是操作弹性范围较窄，小孔筛板塔容易堵塞。大孔径筛板塔采用气液错流方式，可以提高气速以及生产能力，而且不易堵塞。

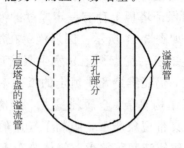

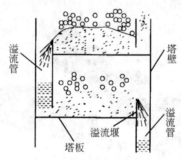

图 3-43　筛板塔工作原理图

4. 舌形塔

舌形塔属于喷射型塔，与开有圆形孔的筛板不同，舌形塔板的气体通道是按一定顺序方式冲出的舌片孔，如图 3-44 所示。舌孔有三面切口和拱形切口两种。常用的三面切口舌片的开启度一般为 20°。

由于舌孔方向与液流方向一致，故气体从舌孔喷出时，可减小液面落差，减薄液层，减少雾沫夹带。舌形塔盘物料处理流量大，压降小，结构简单，安装方便。但操作弹性小，塔板效率低。

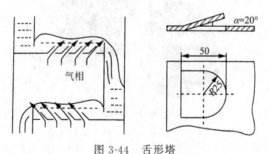

图 3-44　舌形塔

二、填料塔

填料塔也是一种重要的气液传质设备（填料塔结构见图 3-45）。它的结构很简单，在塔体内充填一定高度的填料，其下方有支承板，上方为填料压板及液体分布装置。液体自填料层顶部分散后沿填料表面流下，润湿填料表面；气体在压强差的推动下，通过填料间的空隙由塔的一端流向另一端。气液两相间的传质通常是在填料表面的液体与气体间的相界面上进行的。塔壳可由陶瓷、金属玻璃、塑料制成，必要时可在金属筒体内衬以防腐材料。为保证液体在整个截面上的均匀分布，塔体应具有良好的垂直度。

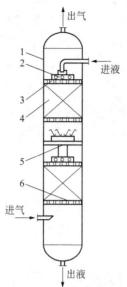

图 3-45 填料塔的结构示意图

1—塔体；2—液体分布器；3—填料压板；4—填料；5—液体再分布装置；6—填料支撑板

填料塔反应器具有结构简单、压降小、能适应各种腐蚀介质和不易造成溶液气泡的优点。特别是在常压和低压下，当压降成为主要矛盾和反应溶剂易起泡时采用填料塔反应器是合适的。另外，对于某些液气比比较大的蒸馏或吸收操作，若采用板式塔，则降液管将占用过多的塔截面积，此时也宜采用填料塔。缺点是：其一，液体在填料床层停留时间短，不能满足慢反应的要求，同时存在壁流和液体分布不均等问题；其二，它较难从塔体中直接移去热量，当反应热较高时，必须增加液体喷淋量带出热量。

填料是填料塔的核心，其作用是增大气-液的接触面，使其相互强烈混合。填料塔操作性能的好坏，与所选用的填料有直接关系。较好的填料主要体现在：①有较大的比表面积（m^2/m^3 填料层）；②液体在填料表面有较好的均匀分布性；③气流能在填料层中均匀分布；④填料具有较大的空隙率（m^3/m^3 填料层）。另外，选择填料时还应考虑其机械强度、来源、制造工艺及价格等因素。

填料的种类很多，可分为散装填料和规整填料两大类。散装填料是一个个具有一定几何形状和尺寸的颗粒体，一般以随机的方式堆积在塔内，又称为乱堆填料或颗粒填料。散装填料根据结构特点不同，又可分为环形填料、鞍形填料、环鞍形填料及球形填料等，如图 3-46 所示。规整填料是按一定的几何构形排列，整齐堆砌的填料。规整填料种类很多，根据其几何结构可分为格栅填料、波纹填料、脉冲填料等，如图 3-47 所示。

当液体沿填料层向下流动时，有逐渐向塔壁集中的趋势，使得塔壁附近的液流量逐渐增大，这种现象称为壁流。壁流效应造成气液两相在填料层中分布不均，从而使传质效率下降。因此，当填料层较高时，需要进行分段，中间设置液体再分布装置。液体再分布装置包括液体收集器和液体再分布器两部分，上层填料流下的液体经液体收集器收集后，送到液体再分布器，经重新分布后喷淋到下层填料上。

图 3-46　陶瓷散装填料

图 3-47　规整填料

填料塔具有生产能力大、分离效率高、压降小、持液量小、操作弹性大等优点。填料塔也有一些不足之处，如：填料造价高；当液体负荷较小时不能有效地润湿填料表面，使传质效率降低；不能直接用于有悬浮物或容易聚合的物料；对侧线进料和出料等复杂精馏不太适合等。尽管如此，填料塔还是气-液反应和化学吸收的常用设备。特别是常压和低压下，压降成为主要矛盾和反应溶剂容易起泡时，常使用填料塔。

三、鼓泡塔

鼓泡塔是一种常用的气液接触反应设备，各种有机化合物的氧化反应及石蜡和芳烃的氯化反应都采用鼓泡塔。

图 3-48 所示为鼓泡塔反应器结构简图。图 3-49 所示为安装于生产现场的鼓泡塔。

在实际使用中鼓泡塔具有以下优点：①气体以小的气泡形式均匀分布，连续不断地通过气液反应层，保证了气液充分混合，反应良好。②反应器结构简单，容易清理，操作稳定，投资和维修费用低。③反应器具有极高的储液量和相际接触面积，传质和传热效率高，适用于缓慢化学反应和高度放热的情况。④在塔的内、外都可以安装换热装置。⑤和填料塔相比，鼓泡塔能处理悬浮液体。

鼓泡塔在使用时也有一些很难克服的缺点，主要表现如下：①为了保证气体沿截面的均匀分布，鼓泡塔的直径不宜过大，一般在 2～3m 以内。②鼓泡塔反应器液相轴向返混很严重，在不太大的高径比情况下，可认为液相处于理想混合状态，因此较难在单一连续反应器中达到较高的液相转化率。③鼓泡塔反应器在鼓泡时所耗压降较大。

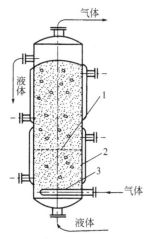

图 3-48　鼓泡塔反应器结构简图
1—分布隔板；2—夹套；3—气体分布器

图 3-49　生产现场的鼓泡塔

第四节　反应设备

　　化工中的反应设备多指反应器，是发生化学反应或物质变化等过程的场所，是流程性材料产品生产中的核心设备，对化工生产情况的好坏起着决定性的作用。

　　反应器的种类很多，按反应物系的相态来划分，可分为均相反应器和多相反应器；按操作方式来划分，可分为间歇式、半连续式和连续式反应器；按过程流体力学划分，可分为泡状流型、柱塞流型和全混流型反应器；按过程传热学划分，可分为绝热、等温和非等温非绝热反应器；按结构原理划分，可分为管式反应器、釜式反应器、塔式反应器、固定床反应器、流化床反应器、移动床反应器、滴流床反应器、电极式反应器和微反应器等。以下是化工厂中常见的几种反应器的结构、工作原理和外形及特点。

一、釜式反应器

　　釜式反应器是一种低高径比的圆筒形反应器，用于实现液相单相反应过程和液-液、气-液、液-固、气-液-固等多相反应过程。釜体为圆筒形，其高径比一般为 1～3。当加压操作时，上、下盖多为半球形或椭圆形；常压操作时，上、下盖可采用平盖。为放料方便，下底可制成锥形，在反应过程中物料需加热或冷却时，可在反应器壁处设置夹套，或在器内设置换热面，也可通过外循环进行换热。其结构简图如图 3-50 所示。

　　为使反应器内的物料混合均匀和传热良好，釜内常设有搅拌（机械搅拌、气流搅拌等）装置。在高径比比较大时，可用多层搅拌桨叶。常用的搅拌器按流型可分为轴流式、混流式和径流式三种，外形结构如图 3-51 所示。

　　釜式反应器按操作方式可分为：

　　（1）间歇釜　间歇釜式反应器，或称间歇釜，操作灵活，易适应不同操作条件和产品品种，适用于小批量、多品种、反应时间较长的产品生产。间歇釜的缺点是：需有装料和卸料等辅助操作，产品质量也不易稳定。但有些反应过程，如一些发酵反应和聚合

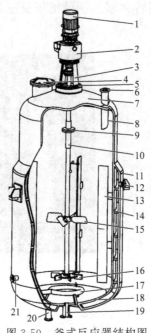

图 3-50 釜式反应器结构图

1—电动机；2—减速机；3—机架；4—人孔；5—密封装置；6—进料口；7—上封头；8—筒体；9—联轴器；
10—搅拌轴；11—夹套；12—载热介质出口；13—挡板；14—螺旋导流板；15—轴向流搅拌器；16—径向流搅拌器；
17—气体分布器；18—下封头；19—出料口；20—载热介质进口；21—气体进口

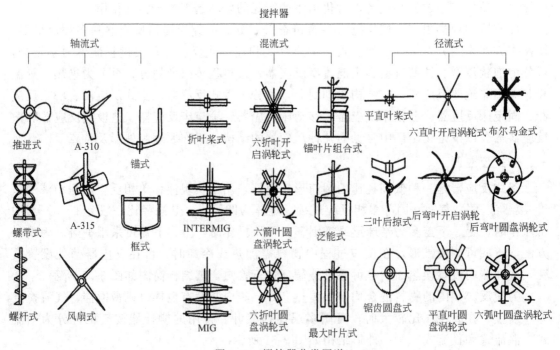

图 3-51 搅拌器分类图谱

反应，实现连续生产尚有困难，至今还采用间歇釜。

　　（2）连续釜　连续釜式反应器，或称连续釜。连续釜可避免间歇釜的缺点，但搅拌作用会造成釜内流体的返混。在搅拌剧烈、液体黏度较低或平均停留时间较长的场合，釜内物料流型可视作全混流，反应釜相应地称作全混釜。在要求转化率高或有串联副反应的场合，釜式反应器中的返混现象是不利因素。此时可采用多釜串联反应器，减小返混的不利影响，并可分釜控制反应条件。

（3）半连续釜式反应器　指一种原料一次加入，另一种原料连续加入的反应器，其特性介于间歇釜和连续釜之间。可用于均相和多相（如液-液、气-液、液-固）反应，可间歇或连续操作。连续操作时，几个釜串联起来，通用性很大，停留时间可以得到有效地控制。半连续式反应器灵活性大，根据生产需要，可生产不同规格、不同品种产品，生产时间可长可短。可在常压、加压、真空下生产操作，可控范围大。反应结束后出料容易，反应器的清洗方便，机械设计十分成熟。

二、管式反应器

管式反应器是一种呈管状、长径比很大的连续操作反应器。这种反应器可以很长，如丙烯二聚的反应器管长以公里计。反应器的结构可以是单管，也可以是多管并联；可以是空管，如管式裂解炉，也可以是在管内填充颗粒状催化剂的填充管，以进行多相催化反应，如列管式固定床反应器。通常，反应物流处于湍流状态时，空管的长径比大于50；填充段长与催化剂粒径之比大于100（气体）或200（液体），物料的流动可近似地视为平推流。

图 3-52 所示为立管式反应器结构图。

管式反应器结构简单，制造方便；反应物在管内流动快，停留时间短，经一定的控制手段，可使管式反应器有一定的温度梯度和浓度梯度，可实现分段温度控制。管式反应器可连续或间歇操作，混合好的气相或液相反应物从管道一端进入，连续流动，连续反应，从管道另一端排出，不返混，因而容积效率（单位容积生产能力）高，对要求转化率较高或有串联副反应的场合尤为适用。其主要缺点是反应速率很低时所需管道过长，工业上不易实现。

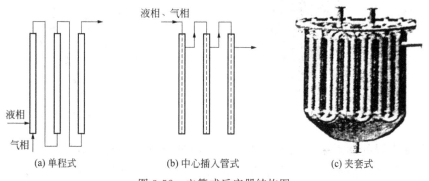

(a) 单程式　　　　(b) 中心插入管式　　　　(c) 夹套式

图 3-52　立管式反应器结构图

三、塔式反应器

塔式反应器的典型特点是高度为直径的数倍乃至十余倍，塔内设有增加两相接触的构件，如填料、筛板等。塔式反应器也可分为板式塔和填料塔反应器。

板式塔反应器适用于快速和中速反应过程，具有逐板操作的特点。由于采用多板，可将轴向返混降到最低，并可采用最小的液体流速进行操作，从而获得极高的液相转化率。气液剧烈接触，气液相界面传质和传热系数大，是强化传质过程的塔型，因此适用于传质过程控制的化学反应过程。板间可设置传热构件，以移出和移入热量。缺点是反应器结构复杂，气相流动压降大，且塔板需要用耐腐蚀材料制作。

填料塔反应器具有结构简单、压降小、能适应各种腐蚀介质和不易造成溶液起泡的优点。特别是在常压和低压下，当压降成为主要矛盾和反应溶剂易起泡时采用填料塔反应器是合适的。

四、固定床反应器

固定床反应器又称填充床反应器，是装填有固体催化剂或固体反应物用以实现多相反应过程的一种反应器。固体物通常呈颗粒状，粒径 2～15 mm，堆积成一定高度（或厚度）的床层。床层静止不动，流体通过床层进行反应。它与流化床反应器及移动床反应器的区别在于固体颗粒处于静止状态。固定床反应器主要用于实现气固相催化反应，如氨合成塔、二氧化硫接触氧化器、烃类蒸汽转化炉等。用于气固相或液固相非催化反应时，床层则填装固体反应物。涓流床反应器也可归属于固定床反应器，气、液相并流向下通过床层，呈气、液、固三相接触。图 3-53 为轴向绝热式固定床反应器结构示意图。图 3-54 为列管式固定床反应器工作原理图。图 3-55 为安装在生产现场的固定床反应器。

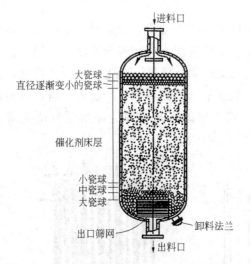
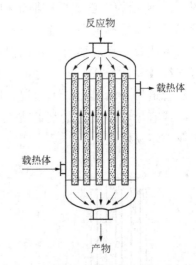

图 3-53　轴向绝热式固定床反应器结构示意图　　图 3-54　列管式固定床反应器工作原理图

固定床反应器的优点是：①返混小，流体同催化剂可进行有效接触，当反应伴有串联副反应时可获得较高选择性；②催化剂机械损耗小；③结构简单。固定床反应器的缺点是：①传热差，反应所放热量很大时，即使是列管式反应器也可能出现飞温（反应温度失去控制，急剧上升，超过允许范围）；②操作过程中催化剂不能更换，催化剂需要频繁再生的反应一般不宜使用，常代之以流化床反应器或移动床反应器。

五、流化床反应器

流化床反应器是一种利用气体或液体以较高流速通过床层，带动床内固体颗粒运

图 3-55 生产现场的固定床反应器

动，使固体颗粒处于悬浮运动状态，并进行气-固相反应过程或液-固相反应过程的反应器。在用于气-固系统时，又称沸腾床反应器。

图 3-56 所示为流化床反应器结构图，流化床反应器由壳体、气体分布装置、换热装置、气-固分离装置、内构件以及催化剂加入和卸出装置等组成。气体从进气管进入反应器，经气体分布板进入床层。反应器内设置有换热器，被气体带走的催化剂颗粒在上部直径增大处，气速降低，大颗粒沉降，回落床层，小颗粒经上部旋风分离器分离后返回床层，反应气体由顶部排出。

图 3-57 所示为安装于生产现场的流化床反应器。

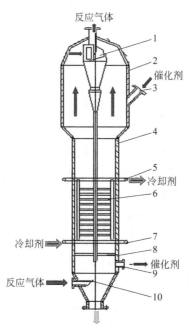

图 3-56 流化床反应器结构图

1—旋风分离器；2—筒体扩大段；3—催化剂入口；4—筒体；5—冷却介质出口；
6—换热器；7—冷却介质进口；8—气体分布板；9—催化剂出口；10—反应气入口

与固定床反应器相比，流化床反应器的优点是：①可以实现固体物料的连续输入和输出；②流体和颗粒的运动使床层具有良好的传热性能，床层内部温度均匀，而且易于控制，特别适用于强放热反应。但另一方面，由于返混严重，可对反应器的效率和反应的选择性带来一定影响。再加上气固流化床中气泡的存在使得气固接触变差，导致气体反应得不完全。因此，通常不宜用于要求单程转化率很高的反应。此外，固体颗粒的磨损和气流中的粉尘夹带，也使流化床的应用受到一定限制。为了限制返混，可采用多层流化床或在床内设置内部构件，这样便可在床内建立起一定的浓度差或温度差。此外，由于气体得到再分布，气固间的接触亦可有所改善。

图 3-57 生产现场的流化床反应器

第五节 分离设备

原料在发生化学反应时会同时发生很多副反应，产生很多副产品，所以在生产过程中经常要将混合物经过分离或净化才能进入下一工序。分离或净化就是运用一定的物理或化学方法，采用适当的分离机械与设备加以操作来达到目的。

不同物性物质的混合物根据其组成不同，分离方法也不同。均相物系的分离一般采用蒸馏、吸收、吸附、结晶、萃取等方法。蒸馏操作在蒸馏釜内进行，在生产过程中蒸馏釜常借用于反应釜，也有专用蒸馏釜，其外形类似于反应釜。工业生产中的精馏装置称为精馏塔，塔釜的旁路装有再沸器用于汽化物料，塔顶蒸汽进入冷凝器冷凝液化，其外部结构大致相同，内部结构有填料、浮阀、筛板等。吸收操作分物理吸收和化学吸收，物理吸收通常在吸收塔内进行，且常为填料塔，而化学吸收常在反应器中进行。吸附、萃取和结晶操作均是独立操作单元，常用的设备是过滤器、萃取罐、结晶罐和结晶槽。

非均相物系的分离方法有沉降、过滤和干燥等，其分离设备的工作原理和外形结构如下。

一、沉降设备

沉降是指由于分散相和分散介质的密度不同，分散相粒子在力场（重力场或离心力场）作用下发生的定向运动。沉降的结果是分散体系发生相分离。可利用悬浮在流体（气体或液体）中的固体颗粒下沉而与流体分离。利用悬浮的固体颗粒本身的重力而获得分离的称作重力沉降。利用悬浮的固体颗粒的离心力作用而获得分离的称作离心沉降。

沉降用于气相悬浮体系时，是从气体中分离出所含固体粉尘或液滴；用于液相悬浮体系时，是从液体中分离出所含固体颗粒或另一液相的液滴。这种分离在生产上的目的有二：一是获得清净的流体，如空气的净化、水的澄清、油品脱水等；二是为了回收流体中的悬浮物，如从干燥器出口气体中回收固体产品、从流化床反应器出口气体中回收催化剂等。有时两个目的兼而有之。沉降操作在化工、医药、冶金、食品、环境保护等领域都有广泛应用。

1. 沉降槽

沉降槽是利用重力沉降法进行液-固分离的主要设备，其外形结构如图 3-58 所示。

沉降槽的优点是结构简单，处理量大，便于机械化和自动化，沉淀物均匀。缺点是占地面积大，分离效率低。

图 3-58　沉降槽

2. 旋风分离器和旋液分离器

旋风分离器，是利用离心力分离气流中固体颗粒或液滴的设备。其靠气流切向引入造成的旋转运动，使具有较大惯性离心力的固体颗粒或液滴甩向外壁面分开。旋风分离器是工业上应用很广的一种分离设备。

旋风分离器工作原理如图 3-59 所示。含尘气体从入口导入除尘器的外壳和排气管之间，形成旋转向下的外旋流。悬浮于外旋流的粉尘在离心力的作用下移向器壁，并随外旋流转到除尘器下部，由排尘孔排出。净化后的气体形成上升的内旋流并经过排气管排出。

旋风分离器采用立式圆筒结构，其外形结构如图 3-60 所示。内装旋风子构件，按圆周方向均匀排布并通过上下管板固定；设备采用裙座支撑，封头采用耐高压椭圆形封头。设备管口提供配对的法兰、螺栓、垫片等。

通常，气体入口设计分三种形式：上部进气，中部进气和下部进气。对于湿气来说，我们常采用下部进气方案，因为下部进气可以利用设备下部空间，对直径大于 $300\mu m$ 或 $500\mu m$ 的液滴进行预分离以减轻旋风部分的负荷。而对于干气常采用中部进气或上部进气，上部进气配气均匀，但设备直径和设备高度都将增大，投资较高；而中部进气可以降低设备高度和降低造价。

旋风分离器适用于净化大于 $1\sim3$ μm 的非黏性、非纤维的干燥粉尘。它是一种结构简单、操作方便、耐高温、设备费用和阻力（$80\sim160$ mm 水柱）较高的净化设备，在净化设备中应用最为广泛。改进型的旋风分离器在部分装置中可以取代尾气过滤设备。

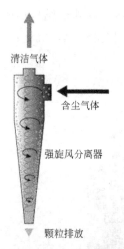

图 3-59　旋风分离器工作原理

图 3-60　旋风分离器

旋液分离器又称水力旋风分离器和水力旋流器，是旋流分离器的一种。旋液分离器是用以分离以液体为主的悬浮液或乳浊液的设备，其工作原理与旋风分离器大致相同。料液由圆筒部分以切线方向进入，作旋转运动而产生离心力，下行至圆锥部分更加剧烈；料液中的固体粒子或密度较大的液体受离心力的作用被抛向器壁，并沿器壁按螺旋线下流至出口（底流）；澄清的液体或液体中携带的较细粒子则上升，由中心的出口溢流而出。优点是：构造简单，无活动部分；体积小，占地面积也小；生产能力大；分离的颗粒范围较广。但分离效率较低，常采用几级串联的方式或与其他分离设备配合应用，以提高其分离效率。常用于制碱和淀粉等工业。

二、过滤设备

1. 压滤机

压滤机是一种间歇式过滤设备，用于各种悬浮液的固液分离。它是依靠压紧装置将滤板压紧，再将悬浮液用泵压入滤室，通过滤布来达到将固体颗粒和液体分离的目的。

压滤机分为板框式压滤机和厢式压滤机。

板框式压滤机主要由固定板、滤框、滤板、压紧板和压紧装置组成，其结构如图 3-61 所示。实物图见图 3-62。多块滤板、滤框交替排列，板和框间夹过滤介质（如滤布），滤框和滤板通过两个支耳，架在水平的两个平等横梁上，一端是固定板，另一端的压紧板在工作时通过压紧装置压紧或拉开。压滤机通过板和框角上的通道或板与框两侧伸出的挂耳通道加料和排出滤液。滤液的排出方式分明流和暗流两种。在过滤过程中，滤饼在框内集聚。

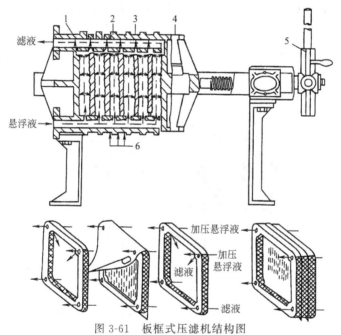

图 3-61　板框式压滤机结构图
1—尾板；2—滤板；3—压紧板；4—头板；5—压紧装置；6—滤框、滤板、滤布

图 3-62　板框式压滤机外形

滤板是压滤机的核心部件，滤板材质、形式及质量不同，会直接影响到最终产品的质量。制造板、框的材料有金属、木材、工程塑料和橡胶等，并有各种形式的滤板表面槽作为排液通路，滤框是中空的。

板框式压滤机的优点是：结构较简单，操作容易，运行稳定，保养方便；过滤面积选择范围灵活，占地少；对物料适应性强，适用于各种中小型污泥脱水处理的场合。

板框式压滤机的不足之处在于，滤框给料口容易堵塞，滤饼不易取出，不能连续运行，处理量小，工作压力低，普通材质方板不耐压、易破板，滤布消耗大，板框很难做到无人值守，滤布常常需要人工清理。

板框式和厢式的不同之处主要体现在滤板结构上。板框式压滤机，由一块实心滤板（板）与一块中空滤板（框）交替组合成滤室；厢式压滤机由相同的实心滤板排列组成滤室。每块滤板都有凹进的两个表面，两块滤板压紧后组成滤室。

2. 袋式过滤机

袋式过滤机结构原理如图 3-63 所示。该系列过滤机是一种压力式过滤装置。原液由进料口流入装置在加强网内的滤袋，受压，合格品渗透滤袋，由出料口排出，进入下道工序，杂质颗粒被滤袋捕捉。

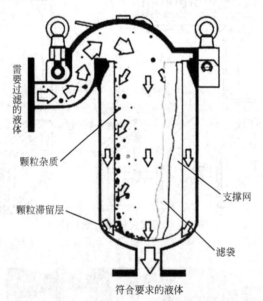

图 3-63　袋式过滤机结构形式

袋式过滤机主要优点有：滤袋侧漏概率小，保证了过滤质量；袋式过滤可承受更大的工作压力，压力损失小；处理量大、体积小；更换滤袋十分方便，基本不产生物料消耗；整个过程高效、简便、节能。袋式过滤机外观如图 3-64 所示。

3. 离心式过滤机

离心式过滤机常用于分离含固体量较多而且颗粒较大的悬浮液。要净化的脏液进入高速旋转的分离器中，由于离心力的作用，其中的固体颗粒被截留在分离器的壁上，而净液从分离器的上边流出。常见的离心式过滤机有卧式螺旋离心机、碟式离心机、三足离心式过滤机及真空转鼓式过滤机。

图 3-65 所示为卧式螺旋离心机结构图。卧式螺旋离心机的

图 3-64　袋式过滤机

基本结构由三个部分组成：转筒部分、螺旋推料器和驱动装置。适用于悬浮液的液体澄清、固体脱水及粒度分级和废水处理等，并进行有效的沉渣输送。具有可连续分离操作，对物料的适应性强，单位生产能力的功耗低。

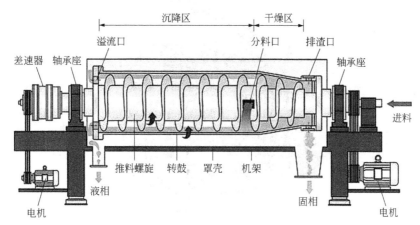

图 3-65 卧式螺旋离心机结构

碟式离心机是以叠加在一起的锥形碟片在高速旋转过程中对物料进行分离的设备，主要用于液-液乳浊液分离和固-液悬浮液的分离，应用于乳品加工、淀粉提取等生产领域。分离机高速旋转形成一个强大的离心力场，料液在强大的离心力场的作用下，由于存在物料的密度差，重组分受到了较大的离心力沿着锥形碟片下表面滑移出沉降区，进入混流过渡区并汇聚于喷嘴处排出机外；而轻组分因受到的离心力较小，汇聚于向心泵室后排出机外，完成整个过程。工作原理如图 3-66 所示。碟式离心机外形见图 3-67。碟式离心机转速高、分离因数大，能很好地实现乳浊液分离和高分散悬浮液的澄清。

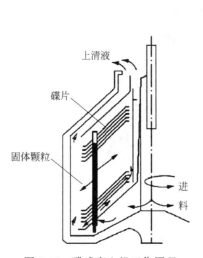

图 3-66 碟式离心机工作原理

图 3-67 碟式离心机外形

三足离心式过滤机运用广泛，对分离物料的适应性强，可以用于不同浓度和不同固相颗粒粒度的悬浮液的分离、洗涤脱水。机器结构简单，制造容易，安装方便，操作维修易于掌握。转鼓完全置于静止的机壳内，易于实现密闭，可以用于处理易燃易爆的物料。三足离心式过滤机外形见图 3-68。

图 3-68　三足离心式过滤机

真空转鼓式过滤机是连续式过滤机，是真空过滤机中数量最多的机型，如图 3-69 所示。真空转鼓式过滤机以负压作过滤推动力，过滤面在圆柱形转鼓表面。按供料方式和滤饼卸除方式不同又分为多种机型。采用绕带转鼓真空过滤机可使滤布得到充分洗涤；如果悬浮液中的颗粒较重，沉降速度很快，则宜采用在转鼓上方加悬浮液的结构或内滤面转鼓真空过滤机；如果悬浮液中的固体颗粒很细或形成可压缩性滤渣，则应在转鼓过滤面上预先吸附一层固体助滤物，或在悬浮液中混入一定量的固体助滤物，使滤渣较为疏松，可提高过滤速度。

图 3-69　真空转鼓式过滤机

三、干燥设备

干燥设备又称干燥器和干燥机，是用于进行干燥操作的设备，通过加热使物料中的湿分（一般指水分或其他可挥发性液体成分）汽化逸出，以获得规定含湿量的固体物料。干燥的目的是为了物料使用或进一步加工的需要。

干燥过程需要消耗大量热能，为了节省能量，某些湿含量高的物料、含有固体物质的悬浮液或溶液一般先经机械脱水或加热蒸发，再在干燥器内干燥，以得到干的固体。

干燥器可按操作过程、操作压力、加热方式、湿物料运动方式或结构等不同特征分类。按操作过程，分为间歇式（分批操作）和连续式两类；按操作压力，分为常压干燥器和真空干燥器两类；按加热方式，分为对流式、传导式、辐射式、介电式等类型；按湿物料的运动方式，可分为固定床式、搅动式、喷雾式和组合式；按结构可分为厢式干燥器、输送机式干燥器、滚筒式干燥器、立式干燥器、机械搅拌式干燥器、回转式干燥器、流化床式干燥器、气流式干燥器、振动式干燥器、喷雾式干燥器以及组合式干燥器等多种。

1. 厢式干燥器

厢式干燥器是常压间歇干燥操作经常使用的典型设备，是对流型干燥器，小型的叫烘箱，大型的叫烘房。厢式干燥器外壁绝热，外形像箱子，箱内设有风机、加热器、热风整流板和进出风口。采用一个或多个风机输送热空气，通过加热空气降低空气中的饱和度，热空气通过物料表面，带走物料中的水分，实现干燥过程。图 3-70 所示为平行流厢式干燥器工作原理图。

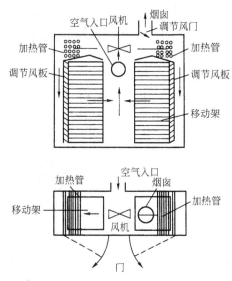

图 3-70　平行流厢式干燥器工作原理

厢式干燥器优点：结构简单，制造容易，操作方便，适用范围广，几乎能干燥所有的物料。由于物料在干燥过程中处于静止状态，特别适用于容易破碎的脆性物料。缺点是间歇操作，干燥时间长，干燥不均匀，每次操作都要装卸物料，劳动强度大，一般只适用于物料处理量小、品种多的场合。厢式干燥器的外形如图 3-71 所示。

2. 气流干燥器

气流干燥器属于对流干燥器，把泥状及粉粒状等湿物料，采用适当的加料方式，将其连续加入到干燥管中，在高速热气流的输送和分散中，使湿物料悬浮在热气中，物料与热空气充分接触，湿物料中的湿分蒸发得到粉状或粒状干燥产品的过程。

气流干燥器主要由空气加热器、加料器、气流干燥管、旋风分离器、风机等组成，如图 3-72 所示为气流干燥器工艺装置流程。

气流干燥器的优点有干燥效率高，生产能力大，设备紧凑，结构简单，占地面积

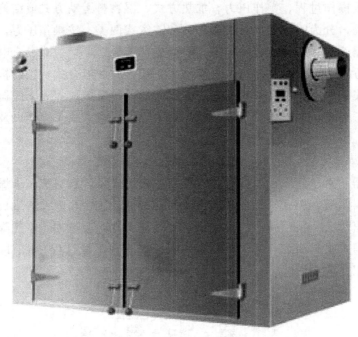

图 3-71 厢式干燥器外形

小，操作连续而稳定，可实现完全自动控制；其缺点是由于操作气速高，物料与壁面以及物料与物料之间的摩擦碰撞较多，物料易破碎，粉尘多，不适用于易黏结、易燃易爆和易破碎的物料。气流干燥的外形如图 3-73 所示。

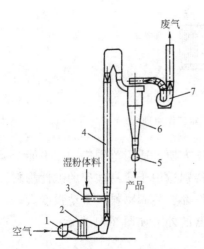

图 3-72 气流干燥器工艺装置流程
1—鼓风机；2—空气加热器；3—加料器；4—干燥管；
5—旋转阀；6—旋风分离器；7—风机

图 3-73 气流干燥器

3. 流化床式干燥器

流化床干燥器又称沸腾床干燥器，流化干燥是指干燥介质使固体颗粒在流化状态下进行干燥的过程。其工作原理是：散粒状固体物料由加料器加入流化床干燥器中，过滤后的洁净空气经加热后由鼓风机送入流化床底部，以一定的速度经过多孔分布板，均匀地与固体物料层接触，固体物料在气流中悬浮并上下翻动，形成流化态从而达到气固的热质交换。物料干燥后由排料口排出，废气由沸腾床顶部排出经旋风除尘器和布袋除尘器回收固体粉料后排空。流化床干燥器工作过程如图 3-74 所示。

沸腾流化床干燥器由空气过滤器、沸腾床主机、旋风分离器、布袋除尘器、高压离心通风机、操作台组成。由于干燥物料的性质不同，配套除尘设备时，可按需要考虑，可同时选择旋风分离器、布袋除尘器，也可选择其中一种。一般来说，密度较大的冲剂及颗粒物料干燥只需选择旋风分离器。密度较小的小颗粒状和粉状物料需配套布袋除尘器，并备有气力送料装置及皮带输送机供选择。流化床干燥器外形图如图 3-75 所示。

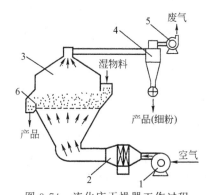

图 3-74 流化床干燥器工作过程
1—鼓风机；2—空气加热器；3—干燥器；4—旋风分离器；5—引风机；6—堰板

图 3-75 流化床干燥器外形

流化床干燥器物料接触面积大，干燥效果好；处理量大，物料在流化床干燥器中的停留时间可自由调节，干燥速度快，效率高；空气流速小，物料磨损较轻，可实行自动化生产，是连续式干燥设备。它适用于散粒状物料的干燥，对易黏结、成团和含水量较高的物料不适用。

4. 喷雾式干燥器

喷雾式干燥器是用喷雾器将液状的稀物料喷成雾滴分散在热气流中，使水分迅速蒸发而达到干燥的目的。原料液可以是溶剂、乳浊液或悬浮液，也可以是熔融液或膏状物。根据需要，干燥产品可制作成粉状、颗粒状、空心球状或团粒状。如图 3-76 所示为开放式的喷雾式干燥系统工作流程图。

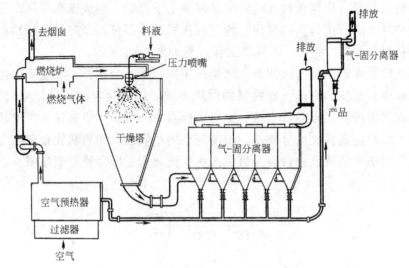

图 3-76　喷雾式干燥系统工作流程

　　喷雾式干燥器优点是干燥时间极短，适用于含水量在 75%～80% 以上的浆状物料或乳浊液物料；操作稳定，适用于热敏性物料的干燥；可连续生产并实现系统全自动控制。缺点是设备容积较大，能耗高，热效率低。

　　5. 真空干燥器

　　真空干燥是将被干燥物料置于真空条件下进行加热干燥。它利用真空泵进行抽气抽湿，使工作室处于真空状态，物料的干燥速率大大加快，同时也节省了能源。在真空下操作可降低空间的湿分蒸汽分压而加速干燥过程，且可降低湿分沸点和物料干燥温度，蒸汽不易外泄。所以，真空干燥器适用于干燥热敏性、易氧化、易爆和有毒物料以及湿分蒸汽需要回收的场合。

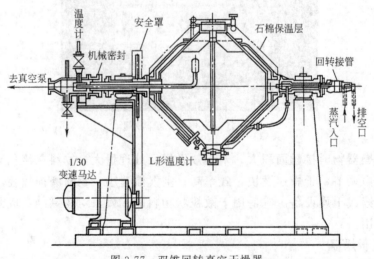

图 3-77　双锥回转真空干燥器

　　真空干燥设备分为静态干燥器和动态干燥器。YZG 圆筒形、FZG 方形真空干燥器属于静态式真空干燥器，SZG 双锥回转真空干燥器属于动态干燥器。图 3-77 所示为双锥回转真空干燥器结构图。物料在静态干燥器内干燥时，物料处于静止状态，形体不会损坏，干燥前还可以进行消毒处理；物料在动态干燥器内干燥时不停地翻动，干燥更均匀、充分。真空状态下物料溶剂的沸点降低，所以适用于干燥不稳定或热敏性物料；真空干燥器有良好的密封性，所以又适用于干燥需回收溶剂和含强烈刺激、有毒气体的物料。

第四章 基本无机化工产品生产实习

实习一 硫酸的生产实习

【实习任务与要求】

（1）了解硫酸的物理化学性质，掌握硫黄制酸的生产工艺及原理，熟悉工艺流程图。

（2）初步掌握各主要岗位的工艺操作要点及控制指标。

（3）学会处理生产过程中异常现象的分析及处理方法。

（4）掌握安全生产注意事项，熟悉尾气的处理方法。

一、产品概况

硫酸是一种重要的基本化工原料，广泛应用于各个工业部门。硫酸的产量常被用作衡量一个国家工业发展水平的标志。它主要应用于有色金属的冶炼、石油炼制和石油化工、化学肥料、合成纤维、涂料、洗涤剂、制冷剂、饲料添加剂、橡胶工业以及农药医药、钢铁工业的酸洗等。

（一）硫酸的物理性质

1. 理化常数

性状	无色无味澄清黏稠油状液体
成分/组成	浓硫酸98%，稀硫酸<70%
密度	98%的浓硫酸1.84 g/mL
摩尔质量	98.08 g/mol
物质的量浓度	98%的浓硫酸18.4 mol/L
相对密度	1.84
沸点	338℃
溶解性	与水和乙醇混溶
凝固点	无水酸在10.4℃时凝固，98%硫酸在3℃时凝固

2. 溶解放热

硫酸是一种无色黏稠油状液体，是一种高沸点难挥发的强酸，易溶于水，与水任意比混溶。浓硫酸溶解时放出大量的热，因此浓硫酸稀释时应该"酸入水，沿容器壁慢慢倒入，不断搅拌"。若将水倒入浓硫酸中，温度将达到173℃，导致酸液飞溅，造成安全隐患。

3. 共沸混合物

纯硫酸的沸点为290℃（100%酸），98.3%酸的沸点为338℃。但是100%的酸并不是最稳定的，沸腾时会分解一部分，变为98.3%的浓硫酸，成为338℃下硫酸水溶液的共沸混合物，因此加热浓缩硫酸也只能达到98.3%的浓度。

4. 吸水性

浓硫酸是良好的干燥剂，用以干燥酸性和中性气体，如CO_2、H_2、N_2等，不能干燥碱性气体如NH_3以及常温常压下具有还原性的气体如H_2S。吸水性与脱水性有很大的不同：吸水是吸收原来就有的游离态的水分子，水分子不能被束缚，吸水是物理变化过程；而脱水是按照水分子中氢、氧原子的比例夺取物质中的氢、氧原子，脱水是化学变化过程。将一瓶浓硫酸敞口放置在空气中，其质量将增加，密度将减小，体积变大，这是因为浓硫酸具有吸水性。

（二）硫酸的化学性质

1. 脱水性

脱水是指浓硫酸脱掉非游离态的水分子或者脱去有机物中氢元素的过程。就硫酸而言，脱水性是浓硫酸的性质，而非稀硫酸的性质，浓硫酸有脱水性且脱水性很强。物质被浓硫酸脱水的过程是化学变化过程，反应时浓硫酸按水分子中氢氧原子的比（2:1）夺取被脱水物质中的氢原子和氧原子或脱去非游离态的结晶水。

可被浓硫酸脱水的物质一般为含氢氧元素的有机物，其中蔗糖、木屑、纸屑和棉花等物质中的有机物，被脱水后生成了黑色的炭。在200mL烧杯中放入20g蔗糖，加入几滴水，水加入适量，搅拌均匀，然后加入15mL质量分数为98%的浓硫酸，迅速搅拌。观察实验现象。可以看到蔗糖逐渐变黑，体积膨胀，形成疏松多孔的海绵状的炭，还会闻到刺激性气味。其化学反应如下所示。

$$C_{12}H_{22}O_{11} === 12C + 11H_2O$$
$$C + 2H_2SO_4（浓）=== CO_2\uparrow + 2SO_2\uparrow + 2H_2O$$

2. 配位反应

将三氧化硫通入浓硫酸中，则会有"发烟"现象。

$$H_2SO_4 + SO_3 === H_2S_2O_7$$

3. 强氧化性

（1）跟金属反应

①常温下浓硫酸能使金属铁、铝发生钝化。

②加热时，浓硫酸可与除金、铂之外的所有金属发生反应，生成高价金属硫酸盐，硫酸本身一般被还原成二氧化硫。

$$Cu + 2H_2SO_4（浓）=== CuSO_4 + SO_2\uparrow + 2H_2O$$
$$2Fe + 6H_2SO_4（浓）=== Fe_2(SO_4)_3 + 3SO_2\uparrow + 6H_2O$$

在上述的反应中硫酸表现了强氧化性和酸性。

（2）与非金属反应　热的浓硫酸可将碳、硫、磷等非金属单质氧化为其高价态的氧化物或含氧酸，本身被还原为二氧化硫。在这类反应中，浓硫酸只表现出氧化性。

$$C+2H_2SO_4（浓）=\!=\!=CO_2\uparrow+2SO_2\uparrow+2H_2O$$

$$S+2H_2SO_4（浓）=\!=\!=3SO_2\uparrow+2H_2O$$

$$2P+5H_2SO_4（浓）=\!=\!=2H_3PO_4+5SO_2\uparrow+2H_2O$$

（3）与其他还原性物质反应　浓硫酸具有强氧化性，实验室制取硫化氢、溴化氢、碘化氢等还原性气体不能选用浓硫酸。

$$H_2S+H_2SO_4（浓）=\!=\!=S\downarrow+SO_2\uparrow+2H_2O$$

$$2HBr+H_2SO_4（浓）=\!=\!=Br_2\uparrow+SO_2\uparrow+2H_2O$$

$$2HI+H_2SO_4（浓）=\!=\!=I_2\downarrow+SO_2\uparrow+2H_2O$$

4. 难挥发性

浓硫酸可用于制取氯化氢、硝酸等低沸点酸（原理：高沸点酸制低沸点酸），如用固体氯化钠与浓硫酸反应制取氯化氢气体。

$$NaCl（固）+H_2SO_4（浓）=\!=\!=NaHSO_4+HCl（常温）$$

5. 强酸性

纯硫酸是无色油状液体，10.4℃时凝固。加热纯硫酸时，沸点290℃并分解部分三氧化硫，直至酸的浓度降至98.3％为止，这时硫酸为恒沸溶液，沸点为338℃。无水硫酸体现的酸性是给出质子的能力，纯硫酸仍然具有很强的酸性，98％硫酸与纯硫酸基本上没有差别，而溶解三氧化硫的发烟硫酸，就是一种发烟体系了，酸性强于纯硫酸。

二、硫酸生产工艺

按二氧化硫的氧化方法不同，把硫酸生产方法分为两类。一类是亚硝基法，另一类是接触法。根据制酸原料的不同，又可把接触法分成：硫铁矿制酸、硫黄制酸、冶炼烟气制酸、硫酸盐制酸、硫化氢制酸及含硫废液制酸等。

1. 亚硝基法

亚硝基法的最基本特征是借助氮氧化物完成二氧化硫的氧化成酸反应，故称亚硝基法。到目前为止，世界上还保留有亚硝基法的硫酸工厂，虽然为数很少，但作为技术知识是很宝贵的。

亚硝基法制酸的化学反应复杂，有十多个反应分别在气相、液相中进行，用简单化学反应方程式表示如下：

$$SO_2+NO_2+H_2O=\!=\!=H_2SO_4+NO$$

$$2NO+O_2=\!=\!=2NO_2$$

反应所需的 NO 由硝酸供给，氧气来自空气。应用亚硝基法制酸有铅室法工艺和塔式法工艺。铅室法是最早的工业制酸法，对推动早期硫酸工业的发展，曾起到重要的作用。由于铅室法设备庞大，耗铅量多，而且成品酸浓度低，所以这种方法已被淘汰。塔式法是在铅室法的基础上发展的，并取代铅室法，塔式法的原理是借助于氮氧化物的氧化传递作用，将二氧化硫氧化成三氧化硫，反应过程是在液相中进行的。其流程比较简单，多则 9 个塔，少则 5 个塔，一般采用 7 个塔，有吸收塔、氧化塔和脱硝塔三个部分。塔式法的优势即系统不排污水污酸，对原料要求不高，硫的利用率比较高，投资较接触法节约三分之一以上。缺点是成品酸的浓度低（28％～76％），用途受到限制，也不便于运输，大部分就地生产普钙；在此过程中，含硝硫酸对设备腐蚀严重。因此，塔式法生产发展受到了一定限制，目前我国仅有两个硫酸企业在继续生产。成品酸中含有部分氮氧化物，为补充氮氧化物的损耗，生产过程中要不断补充浓硝酸。

2. 接触法制造硫酸

因原料的不同接触法制造硫酸的工艺也有所不同，主要区别是工艺的前半部分为原料气体的制备和原料气的净化。目前用接触法生产硫酸采用的原料主要有四种：硫铁矿、硫黄、冶炼烟气和硫酸盐制酸。

3. 硫铁矿制酸

以硫铁矿为原料，采用接触法制酸的主要生产过程：

（1）原料的焙烧　硫铁矿在高温情况下燃烧氧化生成二氧化硫。

（2）炉气的净化　将二氧化硫从混合气中净化出来，净化的方法分为干法净化和湿法净化两大类。湿法又分为酸洗和水洗两种流程。

（3）二氧化硫的转化　将净化干燥后的二氧化硫气体加热至400℃，在矾催化剂的作用下，氧化生成三氧化硫。

（4）吸收　吸收工段是把三氧化硫加工制成硫酸。在工业生产中不是采用水来吸收三氧化硫气体，而是使用浓度为98%的浓硫酸作吸收剂，它吸收三氧化硫的效果最好。三氧化硫经浓硫酸吸收后成为高浓度硫酸，用净化工段干燥塔出来的稀酸稀释之，得到浓度为98%或者92.5%的硫酸，也就是工业上所用的成品硫酸。98%的浓硫酸一部分再送至吸收塔作吸收剂循环使用。

如果需要生产发烟硫酸，须在吸收塔前增加一套发烟硫酸吸收塔及酸循环系统装置。

4. 硫黄制酸

自20世纪90年代中期，硫黄制酸在我国大力兴起，尤其是沿海地区不少厂家将硫铁矿制酸改成硫黄制酸。工业硫黄的技术指标见表4-1。大的硫黄制酸厂一般均用固硫熔化、液硫来制酸，热量回收发电或直接外供蒸汽；小的硫黄制酸工厂，一般采用固硫熔化制酸，但有数家厂直接用硫粉制酸，热量只回收一部分用于熔硫，大部分热量冷却放空。还有部分硫铁矿制酸厂，在成品矿中掺入部分硫黄，或在矿渣、黄砂中掺硫黄进行沸腾焙烧。

其中的化学反应是：

焚硫过程　$S+O_2 \rightleftharpoons SO_2$

转化过程　$2SO_2+O_2 \rightleftharpoons 2SO_3$

吸收过程　$SO_3+H_2O \rightleftharpoons H_2SO_4$　（实际吸收使用的为98%的硫酸，是为了避免酸雾）

表4-1　GB/T 2449—2006《工业硫黄》中工业硫黄的技术指标

项目	优等品	一等品	合格品
硫(S)的质量分数/%	≥99.95	≥99.5	≥99.0
水分(固体硫黄)/%	≤2.00	≤2.00	≤2.00
水分(液体硫黄)/%	≤0.10	≤0.50	≤1.00

续表

项目	优等品	一等品	合格品
酸度(以 H_2SO_4 计)/%	≤0.003	≤0.005	≤0.02
灰分的质量分数/%	≤0.03	≤0.10	≤0.20
有机物的质量分数/%	≤0.03	≤0.30	≤0.80
砷(As)的质量分数/%	≤0.0001	≤0.01	≤0.05
铁(Fe)的质量分数/%	≤0.003	≤0.005	—
筛余物(粒度大于100目)的质量分数/%	0	0	≤3.00
筛余物(粒度为100~200目)的质量分数/%	≤0.50	1.0	4.0

注:筛余物指标仅用于粉状硫黄。

注意:由于砷能使催化剂中毒,要求硫黄砷含量达到一等品。

产品:98%的浓硫酸。

规格:产品质量标准执行中华人民共和国工业硫酸标准(GB/T 534—2002)一等品规格,硫酸质量符合表4-2要求。

表 4-2 硫酸质量指标

序号	指标名称	规格
1	浓硫酸(H_2SO_4)/%	≥98.0
2	灰粉/%	≤0.03
3	铁(Fe)含量/%	≤0.01
4	砷(As)含量/%	≤0.005
5	透明度/mm	≥50
6	色度	不深于标准色度

5. 冶炼烟气制酸

冶炼烟气即硫化有色金属,在有色金属熔炼过程中产生的炉气,其中 SO_2 含量 2%~20%,这由所采用的熔炼炉和熔炼方法所决定。

利用旧式熔炼炉的烟气制酸,一般因 SO_2 浓度低,在制酸过程中有水平衡和热平衡两个问题难以解决。故在制酸工业上采用非稳态转化、烟气焚硫、匹配硫黄或硫铁矿炉气等措施。近期由于熔炼设备的进步,使冶炼烟气制酸工业彻底解决了水平衡和热平衡的问题,并实现了两次转化两次吸收的工艺,从而使环境保护和各项技术经济指标有大的提高。

6. 硫酸盐制酸

有代表性的硫酸盐制酸是硫酸钙(硬石膏或磷石膏)制酸。其主要原料为硬石膏(磷石膏)、焦炭、黏土、砂、硫铁矿渣等。这些原料分别经颚式破碎机粗破、双辊破碎机(或反击式破碎机)细破,干燥脱水后转入各自原料储斗中。按一定比例将不同原料加入球磨机中,将磨细的混合物料转入回转窑中与高温燃煤烟气逆向接触,经预热,在 900~1200℃下,按下式反应进行还原分解,生成二氧化硫、二氧化碳与氧化钙。进一步在 1200~1450℃高温下煅烧,进行矿化反应生成水泥熟料。产生的二氧化硫烟气浓度可达 7%~9%,从窑头排出并转入制酸系统。制酸流程与硫铁矿制酸过程基本相同,仅是窑气中的氧含量较低，转化时需加入适量的空气。

$$2CaSO_4 + C =\!=\!= 2CaO + 2SO_2\uparrow + CO_2\uparrow$$

从回转窑尾部排出的水泥熟料，掺入适量的物料经球磨机磨细后，即成为 425 号以上的水泥。

基于中国的国情，上述生产方法中主要以前三种方法为主，在全国近 70000kt/a 的硫酸产能中几乎是三分天下的局面。

三、硫黄制酸的工艺流程

硫黄制酸工艺流程分一次转化吸收（一转一吸）和两次转化吸收（两转两吸），一次转化投资省、操作简单，但相对转化率低难以实现环保要求，现禁止采用。两转两吸流程二氧化硫的转化率可达 99.75% 以上，三氧化硫的吸收率也在 99.96% 以上，硫的收率高且达到环保要求。

工艺上一般采用快速熔硫、液硫机械过滤、机械雾化焚硫技术，较多采用"3+1"两转两吸工艺，并采用中压锅炉、省煤器回收焚硫和转化工序的废热，产生中压过热蒸汽。将澄清的熔融硫送入焚硫炉与空气雾化后于炉内焚烧，产生高温二氧化硫炉气，经余热锅炉使炉气温度降至 650～680℃ 后进入转化器。

本实习采用湖北三宁化工股份有限公司的硫黄制酸法工艺进行讲解。

1. 原料快速熔硫与液硫过滤及液硫储存工段

原料固体硫通过带有称重设施的皮带机送至熔硫槽，在皮带机上，将石灰加入固体硫黄中，中和硫黄中可能存在的酸性物质。液体硫黄从熔硫槽流至带液相泵的储槽，然后被送去过滤，过滤在一个带有预涂层的过滤器中进行。经过滤后的液硫自流至储槽，维持温度在 130～145℃ 之间，熔硫储槽的空间温度在 115℃ 以上。由泵将熔硫打入硫黄雾化喷嘴，与经过干燥的空气混合而入燃烧炉。燃烧的空气是由鼓风机送入硫酸干燥塔，使水分含量降低到 0.1g/m³ 以下，再经过除沫后送至焚硫炉和转化器。近年来为了节能，新设计的焚硫系统把鼓风机改设在干燥塔之后，使每吨酸能耗可降低 10% 左右。

在焚硫炉产生的炉气，温度在 800～1000℃，SO_2 浓度在 12% 左右，经废热锅炉冷却到 430℃ 左右，进入炉气过滤器，滤去杂质后与空气混合，使温度和 SO_2 浓度都达到合适的范围后，进入转化塔。为了防止杂质在过滤槽内沉降，在过滤槽内增设搅拌器，这样几乎所有固体杂质都可在液硫过滤器内除去，从而大大减轻了过滤槽的清理难度和延长了过滤槽的清理周期。

2. 焚硫转化及吸收工序

硫酸生产采用"3+1"两转两吸工艺流程。液硫通过泵送至黄枪喷入焚烧炉，喷流量由变频电机调节。雾化后的硫黄与经质量分数为 98.5% 的硫酸干燥的空气反应生成质量分数为 11.5% 的二氧化硫气体，二氧化硫气体经过废热锅炉后进入转化器。一段转化后的气体经过热蒸汽过热器后进入二段转化，出二段转化的气体经换热器后进入三段转化，出三段转化的气体经过冷换热器和中间省煤器后去发烟硫酸吸收塔，吸收后的贫气再进入中间吸收塔继续吸收，出中间吸收塔的气体一部分经过冷换热器和热换热器后进入四段转化，出口气体经过最终省煤器后进入最终吸收塔。干燥塔、中间吸收塔和最终吸收塔，共用一个循环槽。转化工段流程如图 4-1 所示。

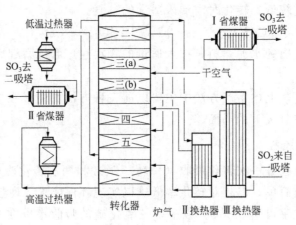

图 4-1　转化工段流程

3. 尾气处理工序

硫酸生产工艺通常的有害物质包括二氧化硫、少量的三氧化硫和酸雾。因此，除去污染物就是要从其源头开始，提高二氧化硫的最终转化率，使之达到 99.75% 以上，符合目前环境保护要求的排放标准，针对尾气及含低浓二氧化硫气体处理方法主要是氨-酸法、金属氧化物法、碱法、活性炭等。

氨-酸法回收低浓二氧化硫及三氧化硫过程由吸收、吸收液再生、分解和中和四个主要的过程。

（1）吸收　吸收液实际上是亚硫酸铵-亚硫酸氢铵溶液，在吸收塔内按下面的反应式吸收二氧化硫和三氧化硫：

$$SO_2 + (NH_4)_2SO_3 + H_2O \Longrightarrow 2NH_4HSO_3$$

$$SO_3 + 2(NH_4)_2SO_3 + H_2O \Longrightarrow 2(NH_4)HSO_3 + (NH_4)_2SO_4$$

（2）吸收液再生　吸收液在循环槽内加气氨或者氨水，按照下面的反应使溶液部分再生，部分循环母液则送往分解系统。

$$NH_3 + NH_4HSO_3 \Longrightarrow (NH_4)_2SO_3$$

（3）分解　用硫酸分解亚硫酸铵-亚硫酸氢铵溶液，得到含水蒸气和二氧化硫的气体和硫酸铵溶液。

（4）中和　用氨中和过量的硫酸，氨加入量比理论值稍高。

四、主要岗位操作规程异常现象的处理方法

（一）熔硫岗位

1. 岗位任务

熔硫岗的岗位任务，即利用锅炉蒸汽（温度 140~170℃）将硫黄在熔硫池内熔化为液体，并通过调节，使液硫温度稳定在 135~145℃ 之间，熔硫池及液硫储槽液位稳定在工艺控制范围内。

2. 工艺原理

工艺原理即固态硫黄加热转变为液态硫黄。具体的硫黄制酸工艺流程及设备布置见图 4-2 和图 4-3。

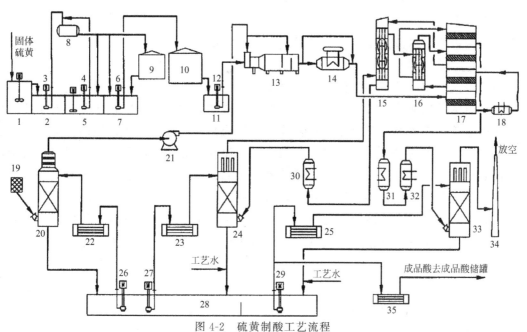

图 4-2 硫黄制酸工艺流程

1—快速熔硫槽；2、5、7—粗硫槽；3、4、6—粗硫泵；8—助滤槽；9—中间槽；10—液硫槽；
11—精硫槽；12—精硫泵；13—焚硫炉；14—废热锅炉；15—冷换热器；16—热换热器；
17—转化器；18—高温过热器；19—空气过滤器；20—空气干燥塔；21—鼓风机；22、23、25、35—酸冷器；
24—吸塔；26、27、29—酸泵；28—组合泵槽；30、32—省煤器；31—空气过热器；33—二吸塔；34—烟囱

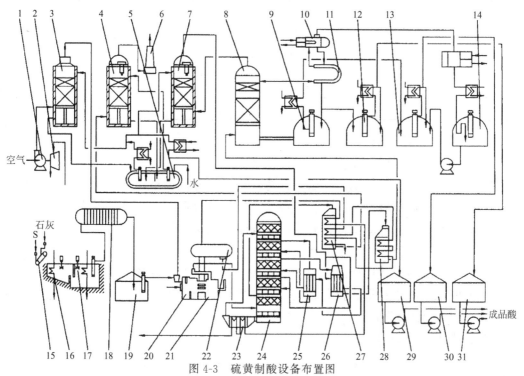

图 4-3 硫黄制酸设备布置图

1—鼓风机；2—透平；3—干燥塔；4—最终吸收塔；5—硫酸循环槽；6—烟囱；7—中间吸收塔；8—发烟硫酸吸收塔；
9—发烟硫酸泵槽；10—SO_3蒸发器；11—冷却器；12、30—发烟硫酸循环罐；13—发烟硫酸循环罐；14—液态SO_3储罐；
15—皮带机；16—熔硫槽；17、19—熔硫储槽；18—过滤器；20—焚硫炉；21—废热锅炉；22—汽包；23—过热器；
24—转化器；25—热换热器；26—冷换热器；27—最终省煤器；28—中间省煤器；29—硫酸储罐；31—发烟硫酸储罐

3. 影响因素

影响因素主要是蒸汽压力、液硫温度、过滤压差。

4. 工艺流程说明

硫黄经人工加入地下加料储斗，通过电磁振动给料器均匀加入大倾角皮带机至快速熔硫槽（由手动三通换向阀选择 1#、2# 快速熔硫槽），经蒸汽盘管加热熔化成液体硫黄。快速熔硫槽液硫经溢流口溢流至粗硫槽，粗硫泵将粗液硫打入助滤槽，加入硅藻土搅拌均匀，再经助滤泵打入液硫过滤机预涂。预涂合格后停助滤泵，启动粗硫泵将液硫打入液硫过滤机过滤，过滤后的合格液硫进入中间槽，经中间泵打入液硫储槽备用。

来自公司管网的 0.8MPa 蒸汽经自调减压后为 0.6MPa 作为熔硫蒸汽进入快速熔硫槽熔硫，蒸汽冷凝水进入冷凝水总管。来自公司管网的 0.4MPa 蒸汽作为保温用汽，进入管道夹套内、槽内加热盘管进行保温。冷凝水进入冷凝水总管回流至冷凝水箱，统一回收。

5. 工艺指标

熔硫岗位的工艺指标见表 4-3。

表 4-3 熔硫岗位工艺指标

序号	工艺参数	指标范围
1	熔硫蒸汽压力	0.5～0.6MPa
2	保温蒸汽压力	0.35～0.45MPa
3	液硫温度	135～145℃
4	过滤器操作	压力<0.75MPa；压差<0.3MPa
5	液硫酸度	≤20×10⁻⁶
6	液硫灰分	≤30×10⁻⁶
7	各槽液硫液位	60%～80%

6. 岗位操作要点

(1) 送液硫时槽内蒸汽盘管不得露出液面。

(2) 蒸汽压力按指标控制，须始终保持系统保温蒸汽供给正常。

(3) 控制液硫储槽液位，防止各槽漫硫黄或液位过低，及时打捞各槽液面浮渣。

(4) 若液硫储槽达到规定液位时，停止向料斗输送固体硫黄。

(5) 发现有着火苗头用蒸汽或水及时扑灭。

(6) 根据硫黄酸度按比例连续加碱中和酸度，防止腐蚀设备。

(7) 按时认真将投料量和控制参数记录在操作记录本上。

7. 异常现象及处理方法

岗位异常现象及处理方法见表 4-4。

表 4-4 熔硫岗位异常现象及处理方法

序号	异常现象	产生原因	处理方法
1	各罐池翻泡	(1)蒸汽管泄漏 (2)硫黄水分含量高	(1)关闭蒸汽进出口阀门，换蒸汽管 (2)晒硫黄

续表

序号	异常现象	产生原因	处理方法
2	过滤泵或精硫泵输送量小或输送不出	(1)泵有故障 (2)液硫管、泵阀门蒸汽压力过高或过低 (3)泵前或泵后阀门有故障	(1)检查泵本身故障 (2)调节蒸汽压力至要求指标 (3)检修或更换阀门
3	各槽或储罐有大量SO_2气体产生	硫黄起火	(1)用灭火器切断液硫库区火源 (2)用消防器材、蒸汽或水扑灭
4	粗硫泵或精硫泵跳闸	(1)电器故障 (2)电流超负荷 (3)泵坏	(1)通知电工处理 (2)减少上硫黄量 (3)换泵
5	硫黄泵电流下降，炉温下降	(1)硫黄枪堵塞 (2)叶轮磨损间隙大	(1)停车修理硫黄枪 (2)换备用泵及时修泵
6	各罐池起火	(1)液黄中浮渣多 (2)硫黄中有机质含量高 (3)液黄温度过高	(1)打捞浮渣 (2)更换硫黄 (3)调整蒸汽压力

（二）焚硫及转化岗位

1. 岗位任务

负责将液硫与干燥空气中的氧燃烧生成SO_2；负责将SO_2转化成SO_3，并控制焚硫转化的工艺指标；负责焚硫转化工序的设备操作及维护保养；负责将转化过程中产生的热量合理利用，并送出部分热空气供给其他工序使用。

2. 工艺原理

焚硫炉内硫黄的燃烧过程：首先是液硫喷枪出口的雾化蒸发过程，硫黄蒸气与空气混合，在高温下达到硫黄的燃点时，气流中氧与硫蒸气燃烧反应，生成二氧化硫后进行扩散，伴随反应放出热量，由热气流和热辐射给雾状液硫传热，因而使液硫继续蒸发。液硫在四周气膜中的燃烧反应速度与其蒸发速度为控制因素，反应速度随空气流速的增加而增加。因而改善雾化质量，增大液硫蒸发表面，增加空气流的湍动，提高空气的温度有利于液硫的蒸发，强化液硫的燃烧和改善焚硫操作。

硫与氧的反应为：$S+O_2=\!=\!=SO_2+Q$

转化反应是借助钒催化剂的催化作用，将SO_2与空气中氧气转化生成SO_3，并释放出大量的热。

反应式为：$2SO_2+O_2=\!=\!=2SO_3+Q$

二氧化硫在固体催化剂上转化为三氧化硫的过程及催化剂的催化作用可用以下几个步骤加以解释：

①催化剂表面的活性中心吸附氧分子，使氧分子中的原子键断裂而产生活泼的氧（O）；

②催化剂表面的活性中心吸附二氧化硫分子；

③被吸附的二氧化硫分子和氧原子之间进行电子的重新排列化合成为三氧化硫分子；

④三氧化硫分子从催化剂表面上脱附下来，进入气相。

3. 影响因素

焚硫及转化操作的主要影响因素为鼓风风量及含水量，焚硫炉内温度，转化器入口温度。

4. 工艺流程说明

来自熔硫工序的精制液硫，由液硫泵送至精硫泵槽，通过高压精硫泵将液硫加压后经机械喷嘴喷入焚硫炉，焚硫所需的空气经空气鼓风机加压后送入干燥塔，在干燥塔内与98%的浓硫酸逆向接触，使空气中的水分被吸收。出干燥塔的空气水分含量小于 $0.1g/m^3$，进入焚硫炉与硫蒸气混合燃烧生成含 10.2% 左右的 SO_2 高温炉气，经废热锅炉、空气换热器回收热量后，温度降至 420℃ 左右再进入转化一段催化剂床层进行转化，出口温度升至 612℃ 左右，进入高温过热器降温至 445℃ 进转化二段催化剂床层进行反应。二段出口气体温度升至 520℃ 左右进入换热器换热至温度降至 445℃ 左右，进入转化三段催化剂床层进行反应。转化三段出口气体温度升至 469℃ 左右，依次经冷、热换热器和省煤器换热后，温度降至 170℃ 左右，进入第一吸收塔，与98%的浓硫酸接触吸收其中的三氧化硫。未被吸收的气体通过塔顶的烛式纤维除沫器除去其中的酸雾后，依次通过冷、热换热器换热。利用转化二、三段的余热升温至 420℃ 左右进入转化四段催化剂床层进行第二次转化，四段出口气体温度升至 446℃ 左右进入空气换热器和省煤器降温至 160℃ 左右进入第二吸收塔，用98%的浓硫酸吸收其中的 SO_3 后，尾气经塔顶的除沫器除去酸沫，使出吸收塔的 SO_2 浓度 $\leqslant 920mg/m^3$；$SO_3 \leqslant 45mg/m^3$ 后经氨水洗涤由 65m 放空烟囱排放。

为了调节各段催化剂层气体进口温度，设置了必要的副线和阀门。

5. 工艺指标

岗位工艺指标见表 4-5。

表 4-5　焚硫工艺指标

序号	指标名称	控制范围
1	液硫温度/℃	135～145
2	液硫泵槽保温蒸汽压力/MPa	0.3～0.4
3	焚硫炉中部温度/℃	1000～1050
4	焚硫炉出口温度/℃	≤1025
5	焚硫炉出口 SO_2 浓度/%	9～10.5
6	干燥空气水分含量/(g/m³)	<0.1
7	锅炉进口炉气温度/℃	≤1025
8	锅炉汽包压力/MPa	3.40～3.82
9	2# 空气换热器炉气进口温度/℃	560～580
10	一段进口 SO_2 浓度/%	9～10.5
11	一段催化剂进口气温/℃	415～425
12	一段催化剂出口气温/℃	595～615
13	二段催化剂进口气温/℃	440～445
14	二段催化剂出口气温/℃	505～525
15	三段催化剂进口气温/℃	440～445

续表

序号	指标名称	控制范围
16	三段催化剂出口气温/℃	465～485
17	四段催化剂进口气温/℃	420～425
18	四段催化剂出口气温/℃	440～460

6. 岗位操作要点

(1) 随时注重液硫情况，防止液硫漫罐或精硫池液硫过低，防止液硫着火及精硫泵、硫黄泵打空泵事故发生。

(2) 随时观察焚硫炉炉温的变化和硫黄泵上硫黄情况，禁止焚硫炉炉温超高或过低。

(3) 随时注重和观察锅炉汽包液位、压力情况，控制汽包液位、压力在正常范围内，以免锅炉发生满水、干锅、安全阀起跳事故。

(4) 随时注重观察转化各段催化剂进口温度，如有变化应调节相应的阀门（如热副线阀、各段近路阀及冷激阀）把温度控制在正常范围内。一段温度波动不超过±2℃，其他各段温度调节波动不超过±5℃。

(5) 严格控制干吸酸浓度在指标范围内，防止尾气冒大烟。经常观察尾气排放情况，如发现冒烟过大，应立即查明原因并进行处理。

(6) 经常注重观察传动设备（如汽轮机、风机，硫黄泵、多级给水泵、酸泵及循环水泵等）的运转情况。如有杂音、振动或其他不正常情况，应及时汇报处理。

(7) 按岗位巡回检查路线，每小时对所管设备和管道进行认真、细致的检查，发现问题及时汇报处理、记录（注重锅炉和循环水的加药）。

(8) 如遇仪表、设备故障应及时汇报调度，通知相关人员进行处理。

(9) 岗位操作人员必须熟练把握岗位开停车方法、步骤等。

(10) 视情况排放冷凝酸，生产不正常时应注重排放冷凝酸。

(11) 每小时进行全系统巡检，并填写操作记录、巡回检查记录一次，要求内容准确，字迹清楚。

7. 异常现象及处理方法

焚硫岗异常现象及处理方法见表4-6。

表 4-6 焚硫岗异常现象及处理方法

序号	异常现象	异常原因	处理方法
1	液硫中有气泡	(1)蒸汽管或夹套漏汽 (2)硫黄水分含量高	(1)找出泄漏部位补焊 (2)晒硫黄
2	漫硫	(1)液位过高 (2)加热管漏汽忽然增大	(1)控制好液硫输送速度 (2)关加热管蒸汽进出口阀
3	精硫送不走	(1)泵故障 (2)硫黄管堵塞	(1)查明原因处理 (2)查明堵塞部位用火烧通
4	精硫泵不上硫黄	(1)液硫液位低 (2)泵故障 (3)转向不符	(1)提高液位 (2)处理泵故障或换泵 (3)调向

续表

序号	异常现象	异常原因	处理方法
5	精硫泵(硫黄泵)跳闸	(1)电机超负荷或泵损坏 (2)忽然停电 (3)电机烧坏	(1)视情况停车处理 (2)按短期停车处理 (3)更新电机
6	液硫着火	(1)蒸汽温度过高 (2)补锌后遗留火源	(1)调整蒸汽压力、温度 (2)用水扑灭火源
7	硫黄泵槽内翻泡	(1)蒸汽管或夹套漏汽 (2)硫黄水分含量高	(1)出泄漏部位补焊 (2)晒硫黄
8	硫黄泵电流不断下降,炉温下降	(1)蒸汽温度过高或过低 (2)硫黄泵叶轮磨损间隙增大 (3)硫黄枪堵塞	(1)联系汽配调整 (2)换泵检修 (3)停车清堵或换枪
9	焚硫炉温度偏高	(1)仪表故障 (2)上硫黄量或油量过大	(1)联系仪表工处理 (2)适当减小硫黄量或油量
10	焚硫炉温度后移	(1)二次风调节不当 (2)喷硫黄量过大 (3)硫黄枪雾化效果不好 (4)硫黄喷嘴烧坏	(1)重新调节二次风 (2)调整硫黄泵上硫黄负荷 (3)调整或换枪 (4)停车更换枪头
11	炉子温度忽然下降	(1)硫黄泵出故障 (2)硫黄枪喷嘴被杂物堵塞 (3)仪表失灵	(1)更换硫黄泵 (2)停车换枪或清堵 (3)联系仪表工处理
12	炉子温度偏低	(1)风量过大或上硫黄量小 (2)液硫过黏 (3)硫黄泵内漏进蒸汽 (4)输硫黄管泄漏硫黄 (5)仪表故障	(1)调整风量、上硫黄量 (2)调整蒸汽压力、温度 (3)查明原因处理 (4)停车处理 (5)联系仪表工处理
13	转化器进出口温度缓慢下降	(1)二氧化硫浓度降低 (2)催化剂失活 (3)催化剂阻力降高	(1)提高二氧化硫浓度 (2)换新催化剂 (3)待停车检修处理
14	转化器进出口温度忽然下降	(1)设备或管道严重漏气 (2)风机或硫黄泵跳闸 (3)硫黄枪被机械杂质堵塞 (4)仪表故障	(1)查清漏点停车处理 (2)紧急停车处理 (3)更换硫黄枪或枪头 (4)联系仪表工处理
15	转化器后段温度低	(1)二氧化硫浓度低 (2)调节阀调节不当 (3)催化剂结块或失活	(1)适当提高二氧化硫浓度 (2)重新调节 (3)视情况待停车检修
16	转化率低	(1)转化器进口温度不正常 (2)气体浓度波动大 (3)气体走短路 (4)分析误差 (5)催化剂结块或失活	(1)调节温度在控制范围内 (2)调节系统稳定气体浓度 (3)查明原因后停车处理 (4)重新分析 (5)视情况待停车检修
17	转化器温度后移	(1)一段进口温度过低 (2)气体浓度高或调节不当 (3)前段催化剂失活 (4)仪表故障	(1)调节一段进口温度 (2)降低气体浓度并作适当调节 (3)视情况待停车换新催化剂 (4)联系仪表工处理

（三）干吸岗位操作法

1. 岗位任务

用浓度为 98％的硫酸吸收空气中的水分，使气体中水分含量小于 $0.1g/m^3$，将干燥合格后的干空气送至焚硫炉、转化岗位。

用浓度为 98％的硫酸吸收来自转化三段、四段的 SO_3 气体，以达到生产合格硫酸的目的。

负责本岗位所属设备、管道、阀门的维护保养和清洁工作。

2. 工艺原理

(1) 干燥原理 从风机来的空气,在干燥塔内与浓度为98%的浓硫酸充分接触,利用浓硫酸的吸水性吸收空气中的水分,使干燥后气体中水分含量小于$0.1g/m^3$,达到干燥的目的。在干燥过程中,干燥酸浓越高,水蒸气分压越低,硫酸蒸气分压越高,水分被吸收的效果就越好。同时,硫酸蒸气分压高,产生的酸雾越大,资料表明浓度为98.3%的硫酸其水蒸气分压最低。因此,选用98%的硫酸进行干燥。

(2) 吸收原理 吸收过程是产酸过程,它包括物理吸收和化学吸收两个过程。由于水的表面分压很大,三氧化硫气体与水蒸气接触,马上生成酸雾,生成的酸雾难以再被水和硫酸吸收。为此,在实际生产过程中,只能用浓硫酸吸收三氧化硫于液相中,再用水来调节硫酸浓度,从而达到生产硫酸的目的。

其反应式如下:

$$SO_3 + H_2O \Longrightarrow H_2SO_4$$

(3) 循环水工作原理 利用泵的动力把循环水池中的冷水送到各阳极保护酸冷却器中,经换热的热水被送到凉水塔进行喷淋与冷风逆流冷却,经冷却后的水进入水池中,完成循环过程。

通过加入足量的阻垢剂,保持循环水透明、指标合格,避免冷却器结垢,保持循环水质合格。

3. 影响因素

影响干吸岗位的操作因素有风机送风量及含水率,吸收塔的酸温度和浓度。

4. 工艺流程说明

(1) 干燥部分 空气经风机鼓入干燥塔,用98%的浓硫酸干燥吸收水分,再由塔顶的金属丝网除沫器除去酸沫,使出干燥塔的气体水分含量小于$0.1g/m^3$,送到焚硫炉;出干燥塔的循环酸流入循环酸槽再由二吸泵送至第二吸收塔,另一部分去成品酸冷却器冷却后入地下酸槽,并由成品酸泵送至成品酸储槽。考虑到硫黄制酸的非凡性,为简化工艺流程,提高设备效率,干燥、吸收酸共用一个循环酸槽,酸浓度一致。

(2) 吸收部分 经一次转化从省煤器出来的炉气进入第一吸收塔,用98%硫酸吸收其中的SO_3,炉气经塔顶纤维除雾器除去酸雾后返回转化四段进行二次转化。四段催化剂转化之后的SO_3炉气经过空气换热器、省煤器降温后进入第二吸收塔,用98%硫酸吸收其中的SO_3,尾气经塔顶纤维除沫器除雾后由排气筒排放,吸收酸循环槽补加工艺水。

①酸系统 整个酸系统设置吸收酸循环槽及地下酸槽和成品酸槽,吸收塔回流酸约92℃经干燥酸泵打入干燥酸冷却器冷却至65℃,进入干燥塔。干燥塔下塔酸约70℃,直接用泵打至第二吸收塔,第二吸收塔下塔酸约77℃,流入吸收酸循环槽。吸收酸槽中酸温约92℃,经第一吸收塔酸冷器冷却至70℃,进入第一吸收塔,塔酸温101℃,流入吸收酸循环槽。成品酸由第二吸收塔上酸管线送入成品酸冷却器冷却后进入地下酸槽。冷却设备设置干燥塔酸冷却器,一吸酸冷却器,成品酸冷却器。

②循环水部分　来自生产给水管的水进入冷水池，经循环水泵送到阳极保护管壳式酸冷器，经吸热后的热水被送到凉水塔进行喷淋抽风冷却，经冷却后的水进入水池中，完成循环过程。

5. 操作指标

岗位操作指标见表 4-7。

表 4-7　干燥岗位操作指标

项目	规定范围	项目	规定范围
干燥塔出口水分/(g/m³)	<0.1	吸收塔进口气温/℃	170~180
干燥塔出口酸雾/(g/m³)	<0.03	干燥塔酸浓度/%	98~98.5
吸收塔酸浓/%	98~98.5	吸收率/%	>99.95
干燥塔酸温/℃	<65	循环槽液位/%	60~70
吸收塔酸温/℃	70~80	成品硫酸浓度/%	>98

6. 岗位操作要点

(1) 放酸及酸泥时，人应站在上风口，并穿戴好劳保用品。

(2) 若发生酸灼伤人时，应立即用大量清水冲洗后，用 2% 苏打水冲洗，严重时需立即送医院治疗。

(3) 开泵检查泵叶轮时，必须穿戴好防护用品。

(4) 生产中严格执行各项操作指标，各种参数必须控制在规定范围内，不得擅自更改。

7. 异常现象及处理方法

岗位操作时的异常现象及处理方法见表 4-8。

表 4-8　干燥岗位异常现象及处理方法

序号	异常现象	原因	处理方法
1	干燥率低	(1)喷酸不均 (2)淋酸浓度低 (3)进气水量高 (4)上塔酸量小	(1)检查酸泵、分酸槽 (2)提高酸浓度 (3)减小进气水量 (4)增加上塔量
2	吸收率低	(1)淋洒酸量不够 (2)进塔气温高 (3)酸温度、浓度高 (4)气速过快或过低有短路现象	(1)检查酸泵及分酸槽 (2)加大淋洒量 (3)加大冷却水量增加串酸量 (4)降低气速停车检查
3	酸泵不上酸或量小	(1)管道有堵塞 (2)泵体故障	(1)设法疏通管道或找钳工处理 (2)酸泵振动大；泵轴套间隙或叶轮腐蚀；找钳工更换备用泵
4	循环酸和成品酸的浓度偏差很大	(1)循环酸浓度不稳、忽高忽低 (2)酸浓度计失灵 (3)分析误差	(1)稳定操作 (2)联系仪表工处理 (3)重新分析
5	产酸量降低	(1)漏酸 (2)流量计失灵 (3)系统阻力增大 (4)吸收率降低 (5)转化率低	(1)查明漏点堵漏 (2)联系仪表工处理 (3)视情况停车处理 (4)查明原因处理 (5)查明原因处理

续表

序号	异常现象	原 因	处理方法
6	酸浓度低	(1)加水量大 (2)分析误差	(1)停止或调整加水量 (2)重新分析
7	酸温度过高	(1)循环冷却水泵跳闸 (2)冷却风扇坏了 (3)热换器换热面积不够 (4)系统负荷过大	(1)查明原应因后处理 (2)停车修复 (3)增加换热面积 (4)适当降低负荷
8	尾气冒大烟	(1)酸浓过高或过低 (2)吸收塔上酸量不足 (3)酸温度过高 (4)塔内气体走短路 (5)酸泵跳闸	(1)调节浓度在控制范围内 (2)查明原因后处理 (3)降低酸温度 (4)查明原因后停车处理 (5)立即起泵和停车处理
9	酸泵电流低	(1)酸槽液位低 (2)酸泵叶轮腐蚀严重 (3)电器故障	(1)提高液位 (2)停车检修酸泵 (3)查明原因处理
10	酸泵电流波动有杂音	(1)轴承烧坏 (2)泵进口漏气 (3)循环液体量太少	(1)停车更换 (2)查清漏点停车处理 (3)提高循环量

五、安全与环境保护

硫酸生产有硝化法和接触法两大类生产方法，三宁化工采用的是接触法，工艺流程比较复杂，生产具有高度连续性，生产过程的各项指标要求严格。各种炉、塔、罐、机器等设备繁多，硫酸生产在高温、强腐蚀介质条件下进行，具有易燃、易爆、有毒、有害及腐蚀严重，易泄漏等特点，容易发生灼伤中毒、机械伤害、火灾事故。另外，有毒物质及粉尘对人和环境的污染等，给职工的生命安全和生产带来一定的危害。

硫酸生产中的有毒有害因素主要有 SO_2、SO_3、氮氧化物、硫黄粉尘、钒催化剂粉尘等。要求实习学生穿戴规范，进入生产区必须由实习师傅带领。

废气中有害物质从吸收塔排出的尾气中，仍还有少量的二氧化硫，一般含量在0.5%左右（体积分数），尾气中含有微量的三氧化硫和硫酸沫。尾气中二氧化硫的含量与二氧化硫的转化率直接有关。但实际生产中，使总转化率达到99%以上，尾气中二氧化硫含量达到排放标准是有一定困难的，一般对尾气进行回收，尾气回收的方法为氨水尾洗。

1. 废水处理

硫酸生产中排出大量污水和污酸，其量与炉气净化流程有关。酸洗法流程排出含酸污水较少，而水洗法流程污水排放量则很大，每生产 1t 硫酸要排出 10~15t 污水。污水中除含有硫酸外，还含有砷 2~20mg/L，氟 10~100mg/L，以及铁、硒、矿尘等。目前，对于硫酸工业的污水处理，普遍采用电石渣中和法或石灰中和法。

2. 废渣处理

硫黄含硫量为 25%~35% 时，每生产 1t 硫酸副产 0.5~0.7t 烧渣，烧渣中含较少的铁和一定数量的铜、铅、锌、钴等有色金属。废渣在水泥生产中也可以作为铁助溶剂、炼铁原料和氯化剂（如 $CaCl_2$）进行氯化熔烧处理回收烧渣中大部分有色金属和贵金属，回收后烧渣还可炼铁；烧渣还可用于制造铁红，液体三氯化铁以及 $Fe(OH)_3$，作净水剂等。按《大气污染物综合排放标准》（GB 16297—1996）表2，新污染源大气污染物排放限值，二氧化硫最高允许排放浓度是 $550mg/m^3$，硫酸雾最高允许排放浓度为 $45mg/m^3$。该装置设在一般工业区域的二类区，执行二级标准，因此排气筒高度为50m。

3. 环境保护

由于采用了以硫黄为原料制取硫酸，因此在生产过程中产生的"三废"主要是以废气为主。化工厂的各个生产环节都会产生并排放出废气，主要是由化学反应中产生的副反应和反应进行不完全产生的。此外，还有少量的废渣和废水，化工废渣主要是一些化学工业生产过程中产生的固体和泥浆废弃物，包括化工生产过程中排出的不合格的产品、副产物、废催化剂、废溶剂以及废水处理产生的污泥等。

由于化学工业是环境污染较为严重的部门，因此环境保护对于化学行业来说是非常重要的，也是必需的。

实习二　合成氨的生产实习

【实习任务与要求】

(1) 了解合成氨的应用与质量标准，了解原料的质量要求，了解合成氨主要设备的使用、结构及维护保养。

(2) 掌握合成氨的生产工艺原理，熟读工艺流程图。

(3) 初步掌握各主要岗位的工艺操作要点及工艺指标的控制方法。

(4) 学会生产过程中异常现象的分析判断与处理方法。

(5) 熟悉安全生产注意事项，了解生产中的"三废"及其处理措施。

一、产品概况

1. 物理性质

氨气是无色、有辛辣刺激性的气味的气体，比空气轻，分子量17.03，密度 $0.597g/cm^3$，爆炸极限为 $15.7\%\sim27\%$（体积分数）。氨气有强烈的刺激性和腐蚀性，极易形成氨水，放出大量热，20℃加压到0.87MPa时液化成无色液体。

氨气有毒：空气含氨浓度 $>100\times10^{-6}$ 的环境中，每天接触8h会引起人慢性中毒；$(5000\sim10000)\times10^{-6}$ 时，只要接触几分钟就会有致命作用；会灼伤皮肤、眼睛，刺激呼吸器官黏膜。

2. 化学性质

氨在常温时相当稳定，在高温、电火花或紫外光的作用下可分解为氢和氮：

$$2NH_3 = N_2 + 3H_2$$

在催化剂作用下与氧反应生成氮氧化物：

$$4NH_3 + 5O_2 = 4NO + 6H_2O$$

与二氧化碳反应生成氨基甲酸铵，然后脱水成尿素：

$$2NH_3 + CO_2 = NH_4COONH_2 = NH_2CONH_2 + H_2O$$

氨与无机酸反应生成相应的铵盐：

$$NH_3 + HCl =\!=\!= NH_4Cl$$
$$2NH_3 + H_2SO_4 =\!=\!= (NH_4)_2SO_4$$
$$NH_3 + HNO_3 =\!=\!= NH_4NO_3$$

3. 氨的用途

氨的用途广泛，用于制造氨水、氮肥（尿素、碳铵等）、复合肥料、硝酸、铵盐、纯碱等，广泛应用于化工、轻工、化肥、制药、合成纤维等领域。含氮无机盐及有机物中间体、磺胺药、聚氨酯、聚酰胺纤维和丁腈橡胶等都需直接以氨为原料。此外，液氨常用作制冷剂，氨还可以作为生物燃料来提供能源。

二、生产原理

1. 氨合成反应的化学方程式：

$$N_2 + 3H_2 =\!=\!=\!= 2NH_3 + Q$$

氨合成反应的特点：

①可逆反应。

②放热反应　标准状态下（25℃）101325Pa，每生成1mol NH₃放出46.22 kJ热量。

③体积缩小的反应　3mol H₂与1mol N₂生成2mol NH₃，压力下降。

④必须有催化剂存在才能加快反应。

2. 氨合成反应的平衡

氨合成反应是一个可逆反应，正反应与逆反应同时进行，反应物质浓度的减少量与生成物质浓度的增加量达到相等，氨含量不再改变，反应就达到一种动态平衡。

从平衡观点来看：提高反应温度，可使平衡向吸热反应方向移动，降低温度向放热方向移动。

3. 氨合成反应速率及影响合成反应的因素

反应速率是以单位时间内反应物浓度的减少或生成物浓度的增加量来表示的。影响氨反应速率的因素如下。

（1）压力　提高压力可以加快氨合成的速率，提高压力就是提高了气体浓度，缩短了气体分子间的距离，碰撞机会增多，反应速率加快。

（2）温度　温度提高使分子运动加快，分子间碰撞的次数增加，又使分子克服化合反应时阻力的能力增大，从而增加了分子有效结合的机会，对于合成反应当温度升高，加速了对氮的活性吸附，又增加了吸附氮与氢的接触机会，使氨合成反应速率加快。

（3）反应物浓度　反应物浓度的增加，增加了分子间碰撞的机会，有利于加快反应速率。

归纳起来如下：

（1）反应过程必须在高压下进行，压力越高，越有利于氨合成反应的平衡和速率。

（2）反应温度对氨合成反应平衡和速率的影响互相制约。

（3）混合气中氮和氢的含量越高越有利于反应，惰性气体越少越好。

4. 催化剂的影响

（1）催化剂又称触媒，它在化学反应中能改变物质反应速率，而本身的组成和质量在反应前后保持不变。

（2）催化剂的主要作用是降低反应的活化能，加快反应速率，缩短达到反应平衡的时间。

（3）既然温度对合成氨反应平衡和速率的影响互相矛盾，就存在一个最佳的温度，反应速率对温度的要求是借助于催化剂实现的。

三、主要生产工序

氨合成主要是得到合格的氢气和氮气原料，目前根据制取氢气的不同，工业上有多种生产路线。但氨合成目前的主要生产过程包括三个步骤：

（1）制气 用煤或原油、天然气作原料，制备含氮、氢气的原料气。

（2）净化 将原料气中的杂质：CO、CO_2、S等脱除到10^{-6}级。

（3）压缩和合成 合成氨需要高温、高压，净化后的合成气原料气必须压缩到$15\sim30MPa$、$450℃$左右，在催化剂的作用下才能顺利地在合成塔内反应生成氨。

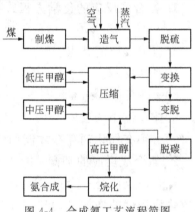

图4-4 合成氨工艺流程简图

以煤为原料合成氨的工艺流程见图4-4。

原料车间制作的煤棒烘干后送到造气岗位，以空气、水蒸气为气化剂，在高温条件下制得合成氨所需的半水煤气。经脱硫岗位罗茨鼓风机加压后送到压缩岗位；经压缩机一、二、三段加压后送到变脱岗位，经变脱进一步脱硫后，送到脱碳岗位，制得合格的净化气，返回压缩机四段入口。经压缩机四段出口，进入低压甲醇，除去残余的部分一氧化碳后进入压缩机五段入口；经压缩机五段出口，进入中压甲醇，除去残余的部分一氧化碳后进入压缩机六段入口。经压缩机六段出口，进入高压醇化塔及烷化塔，除去残余的一氧化碳后送至合成岗位进行合成反应形成氨。

四、主要生产岗位的工艺流程、操作要点及工艺条件

（一）造气岗位

1. 岗位任务

以煤为原料，蒸汽、空气为气化剂，在高温、高压、催化剂的条件下，经过固定层间歇气化法制得合成氨所需的半水煤气。

2. 生产原理

主要化学反应式：

$$C+O_2 =\!\!= CO_2+Q$$
$$2C+O_2 =\!\!= 2CO+Q$$
$$2CO+O_2 =\!\!= 2CO_2+Q$$
$$CO_2+C =\!\!= 2CO-Q$$
$$C+2H_2O =\!\!= CO_2+2H_2-Q$$
$$CO_2+C =\!\!= 2CO-Q$$
$$C+H_2O（汽）=\!\!= CO+H_2-Q$$

$$C + 2H_2 \Longrightarrow CH_4 - Q$$
$$CO + H_2O \text{（汽）} \Longrightarrow CO_2 + H_2 + Q$$

3. 工艺流程

工艺流程图见图 4-5。

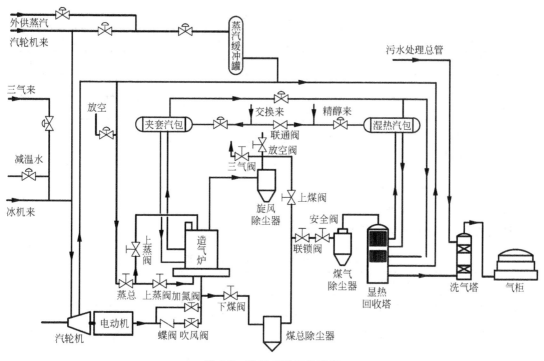

图 4-5　造气工段工艺流程

（1）蒸汽流程　从锅炉来的蒸汽经过减压后进入蒸汽缓冲罐，在罐内与来自煤气夹套汽包的蒸汽混合后，通过蒸汽总阀和上下吹蒸汽阀，分别从炉底和炉顶交替进入煤气发生炉。

（2）制气过程　向煤气炉内交替通入空气和蒸汽与灼烧的炭进行气化反应，吹风阶段生成的空气煤气，经除尘器后送入吹风气回收系统，或者直接经烟囱放空，或者根据需要回收一部分至气柜，用来调节氢氮比。上下吹风阶段生成的水煤气经过除尘、显热回收、冷却除尘后去脱硫岗位。

上述制气过程在微机控制下，往复循环进行，每一个循环五个阶段，其流程如下：

①吹风阶段　鼓风机来的空气→从炉底进入煤气炉→炉上部出→旋风除尘器→吹风气回收系统（或者放空）。

②一次上吹阶段　蒸汽通过蒸汽上吹阀，空气经过加氮阀→从炉底进入煤气炉→炉上部出→旋风分离器→总除尘器→联合废锅→洗气塔→气柜。

③下吹阶段　蒸汽通过下吹蒸汽阀→从上部进入煤气炉→炉下部出→旋风分离器→总除尘器→联合废锅→洗气塔→气柜。

④二次上吹阶段　蒸汽经上吹蒸汽阀→从炉底进入煤气炉→炉上部出→旋风分离器→总除尘器→联合废锅→洗气塔→气柜。

⑤空气吹净阶段　鼓风机来的空气→从炉底进入煤气炉→炉上部出→旋风分离器→吹风气回收系统（或者放空）。

4. 岗位工艺指标

造气岗位工艺指标见表4-9。

表4-9　造气岗位工艺指标

参数	范围	参数	范围
减压前蒸汽压力/MPa	≤1.0	半水煤气成分/%	O_2≤0.5；CO_2≤11
减压后蒸汽压力/MPa	0.055～0.1	煤气炉上行温度/℃	280～400
汽包夹套压力/MPa	≤0.2	煤气炉下行温度/℃	200～300
油泵油压/MPa	5～16	洗气塔出口煤气温度/℃	≤50
空气空管压力/kPa	20～30	气柜容积/m^3	4000～7200
气柜压力/kPa	2.5～4.5	鼓风机电机电流/A	≤31.1

5. 造气岗位异常及处理

造气岗位操作异常及处理方法见表4-10。

表4-10　造气岗位异常及处理方法

序号	事故现象	原因	处理
1	汽包液位计无水，但夹套排污有水，夹套外形正常	夹套汽包轻度缺水	立即停炉，向夹套缓慢进水至正常液位后开炉
2	夹套排污无水，夹套外壳烧红	夹套汽包重度缺水	立即停炉，拉空炭层，采用蒸汽降温（严禁向汽包进水）

（二）半脱岗位

1. 岗位任务

本岗位运用栲胶脱硫法碱液脱硫，将半水煤气中的硫化氢含量降至0.15g/m^3以内，供后续工段使用。

2. 生产原理

半水煤气中的酸性气体H_2S被碱性溶液（Na_2CO_3）吸收生成硫氢化钠和碳酸氢钠，其反应方程式如下：

$$Na_2CO_3 + H_2S = NaHS + NaHCO_3$$

溶液中的硫氢化钠被偏钒酸钠氧化生成焦钒酸钠并析出硫：

$$2NaVO_3 + NaHS + NaHCO_3 = Na_2CO_3 + Na_2V_2O_5 + H_2O + S$$

氧化态栲胶将焦偏钒酸钠氧化为偏钒酸钠而氧化态栲胶变成还原态栲胶：

$$Na_2V_4O_9 + TEOS + NaOH + H_2O \longrightarrow NaVO_3 + TErS$$

还原态栲胶经过空气氧化变成氧化态栲胶：

$$TErS + O_2 \longrightarrow TEOS + H_2O$$

3. 工艺流程

半脱工段工艺流程如图4-6所示。

（1）气体流程　来自气柜的气体经过除焦塔除焦，然后经罗茨鼓风机送到冷却塔冷

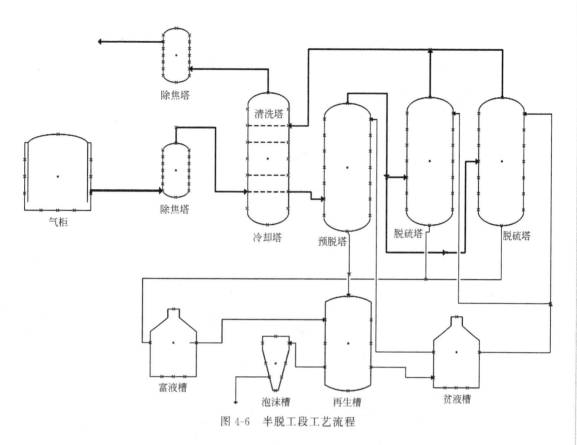

图 4-6 半脱工段工艺流程

却后到预脱硫塔进行脱硫（除去大部分 H_2S 气体），接着送到脱硫塔进一步脱除 H_2S（防止 H_2S 气体进入下一工段），经清洗塔进入除焦塔后去压缩。

（2）循环流程　碱液经泵从贫液槽输送到脱硫塔，吸收 H_2S 气体后返回到旧富液槽，经再生泵送到喷射器喷射到旧再生槽，最后回到贫液槽。

碱液经预脱硫泵送到预脱硫塔吸收 H_2S 气体，然后返回到新富液槽，经新再生泵打到喷射器喷射到新再生槽，最后回到新贫液槽，最后再生槽出来的液体到泡沫槽，再到熔硫釜提硫。

4. 工艺指标

压力

　　罗茨机进口压力＞50mmH$_2$O（约 490Pa）

　　系统出口压力＜350mmHg（约 46.66kPa）

　　再生压力：0.4～0.6 MPa

　　气柜高度：30%～90%

温度

　　脱硫液吸收温度：30～40℃

　　再生温度：35～42℃

　　系统出口温度：≤40℃（夏）　　≤35℃（冬）

　　熔硫釜出口清液温度：80～110℃

　　静电除焦瓷瓶温度：70～110℃

液位

　脱硫塔：40%～80%

　贫液槽：40%～80%

　富液槽：40%～80%

　再生槽液位：硫沫处于溢流状态

　冷却塔：40%～80%

　循环水池：40%～80%

油位

　罗茨机油位：50%～75%

5. 半脱岗位异常原因及处理

半脱岗位的异常情况及处理方法见表4-11。

表 4-11　半脱岗位异常原因及处理方法

序号	异常现象	原因	处理
1	脱硫效率差	(1)液气比不合理 (2)脱硫液温度及半水煤气温度过高 (3)脱硫液成分、总碱度及催化剂等含量不合格 (4)溶液硫容小，悬浮硫高、再生不好 (5)填料堵塞或气液偏流 (6)原半水煤气中硫含量高	(1)联系前工段降低进口硫化氢或提高碱液总碱度、碱液循环量 (2)加大循环量 (3)加大洗涤水量或适当补充一次水，改善水质 (4)停车检修
2	再生效率差	(1)溶液中催化剂含量：脱硫液的再生是以催化剂作载氧体，催化剂过少则不能满足再生需要，过多则造成溶液提前再生析出硫堵塞管道、填料等设备，故催化剂含量应控制在工艺指标范围内 再生时间：再生时间越长，再生越完全，但片面追求再生时间循环量会偏小，再生槽的体积过大，再生时间一般控制在15～30min (2)喷杯自吸空气量：再生空气量小，再生不完全，溶液中硫含量增高，会影响脱硫效率，喷射力强，自吸空气量越大，再生越完全，喷射器应定期清堵 (3)再生温度控制在35～42℃：过低不利再生反应进行，过高则副反应增加 (4)再生溢流要控制稳定，大小要适宜 (5)清洗塔水量过小或循环水中溶解的微量H$_2$S浓度过高	(1)根据硫前变化调整催化剂用量和总碱度 (2)加强再生管理，调节好溢流、喷射器及时清堵，保证再生完全 (3)停车检修

（三）变换岗位

1. 岗位任务

把原料气中过量一氧化碳通过变换反应转变为二氧化碳，为后续工序提供合格气源。

2. 生产原理

变换反应原理如下：

$$CO + H_2O \Longrightarrow CO_2 + H_2 + Q$$

3. 工艺流程

变换岗位工艺流程见图4-7。

（1）气体流程　来自压缩工段的半水煤气，经除油器除油后由塔底进入饱和塔与热水逆流接触增湿升温后由塔顶出来，与适量蒸汽一起经汽水分离器分离水滴，然后进入主热换热器内，由变换气加热至反应所需的温度，再通过电加热器进入中变炉上段进行

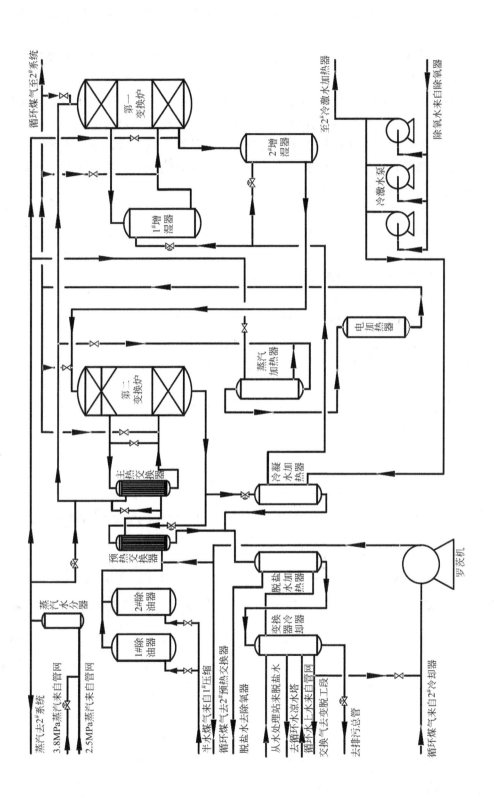

图 4-7　变换岗位工艺流程

变换反应，为调节床层温度，经中变炉上段变换反应后的气体进入中变炉下段，完成变换反应。

变换气从中变炉下段出来后依次进入主热交管间冷却降温，进入第一水加热器进行调温后从顶部进入低变炉进一步完成变换反应，其中一小部分变换气不经一段冷却器而直接进入低变炉上段以调节上段床层温度，从上段出来的变换气经第二水加热器换热后进入低变炉下段，其中一小部分变换气不经二段冷却器换热直接进入低变炉下段以调节下段床层温度，出低变炉的变换气依次进入第一水加热器、热水塔，加热本系统循环水后进入第二水加热器，加热来自供水岗位的脱盐水以回收热量，变换气再经过冷却器降温，经过分离器分离液滴后去变脱工段。

（2）液体流程　循环热水从饱和热水塔底部通过"U"形水封溢流至热水塔，再由热水泵打入第一水加热器、二段冷却器、一段冷却器，加热后进入饱和塔循环使用。

4. 工艺指标

出口CO：根据生产情况由调度通知调节。

催化剂温度　一段进口：190～200℃　　出口：＜360℃

二段进口：200～210℃　　出口：＜310℃

三段进口：190～200℃　　出口：＜270℃

脱盐水出水温度　90～120℃　　　　变换气出口温度　30～35℃

压力　系统压力＜2.2MPa　　　　蒸汽压力　2.2～2.5MPa

液位　冷凝水储槽30%～90%　　　软水加热器/出口水分20%～60%（自调设定值）

5. 岗位异常及处理

岗位异常处理见表4-12。

表4-12　变换岗位操作异常及处理方法

序号	异常现象	原因	处理措施
1	停电	全厂断电	(1)迅速关闭蒸汽阀，系统停止加蒸汽 (2)关喷水泵出口阀，停喷水泵 (3)关死冷热副线 (4)短时跳闸，系统进出口可不关，半小时以上的，要求关死系统进出口 (5)记录各温度及压力
2	蒸汽压力不足	蒸汽掉压	(1)全低变2.5MPa蒸汽一旦掉压，会造成出口CO猛升，催化剂温度波动事故。此时应迅速关死蒸汽分离器总进阀，防止煤气倒入蒸汽系统发生事故 (2)迅速联系调度和供蒸汽岗位，提高蒸汽压力 (3)在蒸汽压力略高于系统压力时，可全开蒸汽分离器进口总阀，确保系统能够加入蒸汽 (4)若掉压持续时间长，可联系调度大减量或停车处理
3	催化剂温度猛升	半水煤气氧高	(1)迅速联系调度与造气查找氧高原因，开大副线压温(注意不能开大蒸汽压温) (2)氧高处理以变换炉催化剂温度上升幅度为原则，应在氧高情况下，热点温度上升在平

序号	异常现象	原因	处理措施
3	催化剂温度猛升	半水煤气氧高	时控制点的 50℃ 以内,否则需紧急大减量,甚至停车处理,以免烧坏催化剂; (3)若持续上升则要求调度果断作出大减量或停车处理
4	耐硫低变催化剂失活:在正常生产条件下,进入低变炉的气体成分、流量都没有改变,但低变出口气体 CO 含量升高,要维持指标正常,需提高低变床层温度,或加大蒸汽用量	(1)低变催化剂长期处于高温操作,载体 γ-Al_2O_3 转变成 α-Al_2O_3 晶相发生变化,比表面积减少,活性降低 (2)水进入低变炉,催化剂的可溶组分流失,活性下降 (3)空气进入低变炉 (4)发生反硫化反应 (5)催化剂硫化不完全或硫化时温度猛升超过 500℃,引起活性组分烧结,钼升华,载体活性组分发生物理化学变化 (6)采用未经冷却好的变换气自然硫化 (7)催化剂结疤结块,气体偏流 (8)油污带入低变催化剂床层 (9)催化剂质量差	(1)更换催化剂 (2)更换催化剂或适当升高低变温度 (3)检查并切断空气源 (4)催化剂再生 (5)更换催化剂 (6)降低变换气温度 (7)更换催化剂 (8)除去催化剂床层油污 (9)更换催化剂
5	蒸汽不稳定	蒸汽加入量与变换率、催化剂性能、催化剂床层反应温度等因素有关	(1)变换率降低,变换气中 CO 含量升高时,应适当增加蒸汽加入量 (2)催化剂活性温度低时,操作温度低,蒸汽加入量要减少 (3)气体中硫化氢含量高时,可相应增加蒸汽加入量 (4)当负荷、系统压力、蒸汽压力、半水煤气温度、半水煤气中氧含量变化时,会引起床层温度变化,应相应地调节蒸汽加入量,以稳定床层温度 (5)生产中,调节蒸汽用量是控制变换炉温度的最主要操作手段,减少蒸汽用量对降低消耗指标和节能有着重要意义。因此,在保证变换率合格的条件下,尽量少用蒸汽,多用副线调节床层温度,以节省蒸汽用量
6	变换气中一氧化碳含量增高	(1)操作温度突然升高或降低,温度波动大而频繁 (2)空间速度过大,超负荷生产 (3)由于蒸汽压力和系统压力波动,蒸汽加入量过小 (4)催化剂中毒、失活、衰老、结皮、破碎粉化,气体偏流 (5)水带入催化剂层,床层温度大幅度下降 (6)设备发生故障。常见故障是热交换器列管腐蚀穿孔,半水煤气漏入变换气中 (7)操作不当。如加量过急过大,未及时调节蒸汽加入量;系统压力和蒸汽压力波动时未及时调节蒸汽加入量;当催化剂床层温度下跌时,大幅度减少蒸汽量,使床层汽气比过小等 (8)分析仪器进水或者失真	(1)催化剂床层温度应严格控制在正常操作温度范围内,密切注意催化剂床层温度的变化、气体成分、压力等,一旦发现温度变化,及时调节,床层温度波动的幅度每小时应小于 ±10℃ (2)禁止超负荷生产 (3)蒸汽加入量要适中,根据操作温度、压力、气量等条件及时调节蒸汽加入量 (4)当催化剂活性降低时,低变催化剂可再硫化,如有必要应更换催化剂 (5)油分和净化炉及时排污,严禁油、水带入催化剂床层 (6)热交换器发生泄漏,可从变换炉出口和热交换器出口变换气成分的变化作出判断,及时维修或更换 (7)操作人员要稳定操作条件,精心操作,及时调节 (8)联系仪表校验分析仪器

序号	异常现象	原因	处理措施
7	催化剂温度波动	(1)气质：半水煤气中CO和O_2含量波动 (2)气量：系统加减量会导致催化剂温度波动 (3)操作控制引起催化剂温度波动 (4)催化剂活性影响 (5)异常情况：多级泵故障、自调故障等	(1)气质：半水煤气中CO和O_2含量。CO和O_2含量上升则催化剂温度会上升，反之则低；特别是O_2高，催化剂温度反应灵敏，正常生产中确保O_2含量在0.5%以下 (2)气量：加量则催化剂温度上升，减量则催化剂温度下降，应随时调节； (3)操作控制：如副线、蒸汽加入量、喷水量控制不当，都会引起催化剂温度波动；应注意操作稳定 (4)催化剂活性：催化剂活性好则反应好，温度可控制低些，反之则应控制高一些 (5)异常情况：多级泵故障、自调故障等，应及时检测维修

（四）变脱岗位

1. 岗位任务

通过变脱，除去气体中的硫，并再生脱硫剂。

2. 生产原理

吸收反应：$Na_2CO_3 + H_2S \Longrightarrow NaHS + NaHCO_3$

再生反应：$NaHS + NaHCO_3 + \dfrac{1}{2}O_2 \Longrightarrow Na_2CO_3 + S\downarrow + H_2O$

3. 工艺流程

变脱岗位工艺流程见图4-8。

变换气由变脱塔底部进入与塔顶部喷淋下来的碱液逆向接触，气体中的绝大部分H_2S被碱液吸收，再经塔后水分离器分离掉气体中夹带的液体后送脱碳工段。吸收H_2S后的碱液（富液）由变脱塔底部到闪蒸槽闪蒸降压，闪蒸气回收至煤气总管，富液通过压差送到后面一个闪蒸槽进行常压闪蒸，闪蒸气通过压力自调对外放空，富液通过再生泵打入再生槽再生。

富液在催化剂作用下，与空气中的O_2发生反应生成的单质硫，以泡沫的形式析出，富液脱出绝大部分硫化物后变成贫液，重新具备吸收H_2S能力，贫液通过调节器进入贫液槽，再用贫液泵打入变脱塔吸收变换气中的H_2S，循环使用。分离出的硫泡沫流入泡沫槽，经泡沫泵打入过滤机进行过滤。

4. 工艺指标

脱硫后H_2S：$\leqslant 10mg/L$。

碱液成分：Na_2CO_3，$1\sim3g/L$；总碱，$0.3\sim0.6mol/L$。

压力：系统进口$\leqslant 2.1MPa$；再生压力$0.4\sim0.6MPa$。

液位：变脱塔，$40\%\sim80\%$；贫液槽，$40\%\sim80\%$；闪蒸槽，$40\%\sim80\%$。

分析频率：每4h分析一次变换前硫含量、变换后硫含量、Na_2CO_3、总碱度、$NaHCO_3$指标。

5. 岗位异常及处理

变脱岗位操作可能出现的异常及处理方法见表4-13。

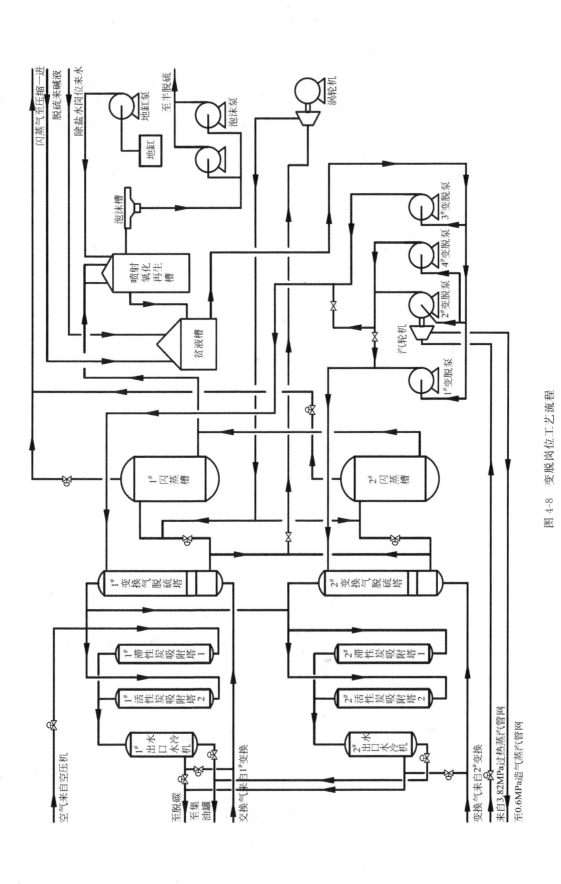

图 4-8　变脱岗位工艺流程

表 4-13　变脱岗位异常及处理方法

序号	事故现象	事故原因	处理措施
1	贫液泵抽空	(1)排气不完全 (2)设备故障 (3)碱液泄漏 (4)贫液槽液位下降过快	(1)关泵出口阀,开排气阀进行排气,待排气口有碱液溢出和出口压力达 3.0MPa 以上时,关排气阀,开泵出口阀恢复循环量 (2)若是设备问题,应迅速倒备用泵,此时应关注变脱塔液位,防止高压串低压,并联系维修工检修 (3)如发生大的碱液泄漏,应直接停车 (4)如贫液槽液位下降很快,可提高调节器,降低再生槽液位,也可降低闪蒸槽液位,缓解抽空现象的发生,另外迅速查液位下降原因
2	变脱塔带液	(1)压力较大 (2)循环量过大 (3)变换器温度过低 (4)贫液槽液值下降过快	(1)若系统碱液带到脱碳,会使脱碳脱硫剂失效及污染碳贫液,造成非常严重的后果 (2)在发现压差上升时迅速滴加消泡剂 (3)迅速减小循环量,打开塔后分离器排污,并通知脱碳加强油分排污,以防止液体带到脱碳塔 (4)根据变换气温度情况,将其适当上提至40℃左右 (5)如果贫液槽液位陡降,则迅速将调节器关死,防止贫液泵抽空
3	贫液泵跳闸	泵电机故障跳闸	(1)当出现一套系统贫液泵跳闸后,会出现变脱塔液位陡降现象。主操迅速关死变脱塔碱液出口自调,如已开自调近路阀,则迅速关死近路阀,以保变脱塔液位,避免高压串低压,同时关闭该系统再生泵出口自调,并联系调度说明情况 (2)副操到现场关跳闸泵出口阀,同时对备用泵盘车、排气迅速投运恢复循环量 (3)另一套系统再生泵出口自调根据闪蒸槽液位变化进行调节 (4)联系电工及维修人员检查跳闸原因
4	贫液泵发生故障	机械故障、填料密封泄漏、电机部分故障	当贫液泵出现危及正常生产时,需作倒泵处理
5	贫液槽液位迅速下降	再生泵跳闸	(1)副操迅速将再生泵出口阀关死 (2)然后关小变脱泵出口(控制在 3～5 圈) (3)另一副操迅速对跳闸泵检查、盘车。若正常则迅速开启,并恢复循环量 (4)若检查、盘车不正常,应迅速倒开备用泵
6	变脱塔液位自调故障	变脱塔液位自调故障	(1)自调出现故障将导致变脱塔液位空,高压窜低压。或液位高堵住变脱塔进气口,阻力上升 (2)副操迅速到现场开自调近路,调节变脱塔液位,并关自调前后截止阀,切出自调阀,联系仪表检修 (3)自调检修结束,调试正常后投运:自调处关闭状态,开前后截止阀,主操与副操相互联系,缓慢关闭自调近路,根据液位变化开启自调,直至近路阀关死
7	变脱塔液位不正常	变脱塔出现假液位	(1)主操迅速将自调打为手动,自调开启度与液位正常时相近,严防液位过低造成高压窜低压 (2)副操到现场查看现场液位计,并与主操保持联系 (3)同时参照贫液槽、闪蒸槽液位变化进行调节 (4)联系仪表人员检修
8	断电跳闸	断电跳闸	(1)主操迅速在电脑上关死变脱塔液位自调(自调近路正常运行时不允许打开,如有开近路,则迅速先关近路)防止高压窜低压。若变脱塔液位仍下降则需关变脱塔液位自调前后闸阀 (2)副操迅速到现场关变脱塔出口阀门,防止反转 (3)关再生泵出口阀、闪蒸气自调暂时不关,防止憋压 (4)监视塔液位做好开车准备

（五）脱碳岗位

1. 岗位任务

脱出二氧化碳，得到合格的氢氮气。

2. 生产原理

在不同压力下，吸附剂对 CO_2 的吸收能力不同，采用加压吸收减压解析的变压吸附原理进行脱碳。

3. 工艺流程

变压吸附脱碳岗位的工艺流程见图 4-9。

（1）吸附　由变换气来的气体逐级进入吸附分离塔，经多级吸附后的净化气送入精脱硫塔，脱硫后的净化气送入压缩机。

（2）脱附　吸收 CO_2 后的吸附塔通过氮气逐级解析，将吸附的 CO_2 脱附后再循环接受变换气。

4. 工艺指标

压力：进系统变换气压力≤2.7 MPa

温度：进入系统变换气温度 冬≤30℃，夏＜40℃；罗茨鼓风机出口温度＜80℃

成分

变换气 CO_2　25％～27％

净化气 CO_2≤0.8％　　PC 浓度＞98％　　含水＜2％

（六）醇化岗位

1. 岗位任务

通过醇化将少量 CO、CO_2 脱出，已得到合格的氢氮气。

2. 生产原理

主反应

$CO(g) + 2H_2(g) \Longrightarrow CH_3OH(g) + Q$

$CO_2(g) + 3H_2(g) \Longrightarrow CH_3OH(g) + H_2O + Q$

副反应

$2CO + 4H_2 \Longrightarrow CH_3OCH_3 + H_2O + Q$

$CO + 3H_2 \Longrightarrow CH_4 + H_2O + Q$

$4CO + 8H_2 \Longrightarrow C_4H_9OH + 3H_2O + Q$

$CO_2 + H_2 \Longrightarrow CO + H_2O - Q$

3. 工艺流程

醇烷化工艺流程见图 4-10，低压联醇工艺流程见图 4-11。

原料气压缩机四段送来的温度不大于 40℃、压力不大于 5.5MPa 的新鲜气进入补气油分，分离气体中的油水杂质后进入循环机油分，与循环机来的循环气混合后进入循环油分，再次分离气体中油水，然后去预热器管间，与管内出合成塔气换热后，由合成塔底部进入合成塔环隙，横向通过装有铜基催化剂的催化剂层和中心管进行反应，在催化剂的作用下 H_2、CO、CO_2 发生合成反应生成甲醇，并伴有微量的副反应。反应后的气体经中心管从反应器底部出来，进入热交换器管内，与管间气体换热后被降至 90℃

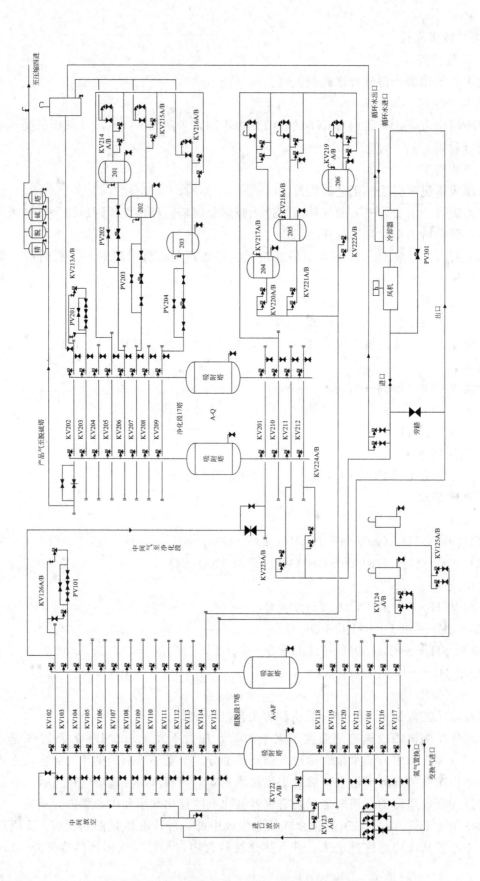

图 4-9　变压吸附脱碳的流程

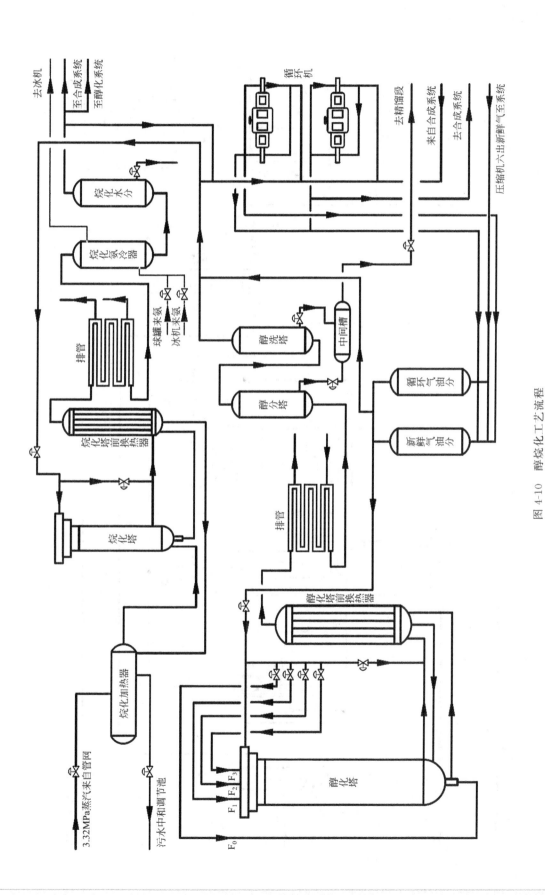

图 4-10　醇烷化工艺流程

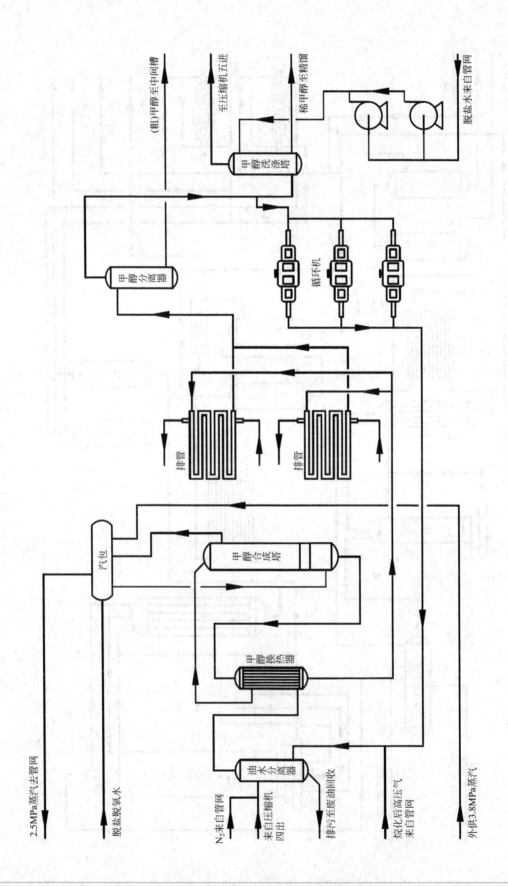

图 4-11 低压联醇工艺流程

以下。在此，有少量的甲醇气体冷凝，然后进入蒸发式水冷器的管内，被从上到下喷淋的冷脱盐水冷却至40℃以下后进入2#甲醇分离器分离甲醇，从甲醇分离器底部排出粗甲醇。粗甲醇在此减压送至甲醇中间槽，分离甲醇后气体从分离器顶部出来，一部分经过循环机加压后进入循环气油分重复利用，大部分从甲醇洗涤塔中部进入，和从甲醇洗涤塔上部来的脱盐水在填料层逆流接触，气体中少量的甲醇被吸收，吸收少量甲醇的淡醇经减压后进入淡醇槽或外送精醇岗位。经过甲醇洗涤塔洗去残余甲醇后的气体经过排管冷却器内管，与通过外管一次水换热进一步冷却后进入1#醇分离器，将气体内淡醇与水等杂质分离后进入高压机一进，一小部分从2#醇分离器顶部出来的气体经过增压机加压后直接进入醇化装置进口。另外系统设有一条近路，在换催化剂或系统故障检修期间可以将该装置与生产系统隔离。

蒸汽、水流程：由脱盐水岗位送来的压力约为4.0MPa的给水经加水自调阀调节流量后进入汽包内，再由汽包下降管流至合成塔上封头，从上封头再进入合成塔内列管，在吸收反应产生热量后产生蒸汽进入合成塔汽室，再经汽包上升管进入汽包顶部，再送至1.3MPa或2.5MPa蒸汽管网，在汽包上升管中设置热水泵，在热水循环不畅时开泵增加水循环。另有一股3.0MPa蒸汽送至汽包内，供升温时使用。

4. 岗位工艺指标

压力及压差

系统入口压力≤5.5 MPa；

气汽压差≤3.5MPa；

升降压速率≤0.1MPa/min；

放醇压力≤0.6 MPa；

汽包给水压力3.0～5.0MPa；

汽包蒸汽压力1.3～2.6MPa；

中间槽压力0.2～0.6MPa。

温度　合成塔出口温度210～250℃；水冷后温度≤40℃；升、降温速率：<15℃/h。

液位　醇分液位30%～60%；醇洗塔液位30%～60%；汽包液位50%～70%；中间槽液位30%～70%。

水质成分

汽包水：pH值8～10，Cl^-≤0.5 mg/L；

锅炉给水总固体含量≤200mg/L。

5. 醇化岗位异常情况及处理

岗位操作异常情况及处理方法见表4-14。

表4-14　醇化岗位异常情况处理表

序号	异常情况	原因	处理方法
1	系统阻力大	(1)循环量过大 (2)仪表失灵 (3)催化剂粉化 (4)系统结蜡 (5)醇洗、醇分、油分液位高 (6)阀板脱落或开度过小	(1)减小循环量或降低负荷 (2)通知仪表检修 (3)维持生产待机更换催化剂 (4)维持生产停车时清除 (5)控制液位在指标内 (6)停车更换阀门，检查阀门开度

续表

序号	异常情况	原因	处理方法
2	系统压力升高	(1)合成塔进口醇含量高,反应差 (2)CO、CO_2低 (3)系统负荷大 (4)催化剂中毒反应差 (5)操作不当,催化剂垮温 (6)高、低压机气量搭配不当	(1)提高分离效果,降低合成塔进口醇含量 (2)联系调度,调节 CO、CO_2 (3)降低负荷 (4)降低负荷,待反应转好后,再加量 (5)调整操作条件,提高塔温 (6)联系调度控制好进出系统气量
3	催化剂层温度下降	(1)补气量突然减小 (2)循环量过大 (3)液体甲醇带入催化剂床层 (4)汽包压力控制过低 (5)新鲜气中的 CO 含量下降 (6)催化剂中毒 (7)仪表测温点失灵	(1)联系调度调整气量或者减循环量 (2)调整循环量 (3)适当开大放醇阀消除带液 (4)适当提高汽包压力来稳定温度 (5)联系调度,适当提高进口 CO (6)严格控制原料气体质量 (7)联系仪表处理
4	催化剂层温度上升	(1)循环量小 (2)新鲜气量增加过快 (3)新鲜气中 CO 含量高 (4)汽包压力升高	(1)增加循环量 (2)减少新鲜气量 (3)联系调度降 CO (4)调节汽包压力
5	汽包液位下降	(1)锅炉给水量小,压力低 (2)加水自调阀故障 (3)仪表显示失真 (4)汽包压力突然降低,蒸汽外送量突然增大 (5)排污量过大	(1)联系脱盐水岗位及调度,迅速提高供水压力 (2)开自调近路控制汽包液位,通知仪表检修 (3)通知仪表校验液位计 (4)精心调节汽包压力,保持压力稳定 (5)关小汽包排污
6	放醇压力高	(1)放醇阀开启度大,液位低,带气 (2)中间槽弛放气阀关小或自调故障 (3)中间槽进口阀开启小 (4)负荷过重,放醇管太细	(1)关小放醇阀,提高醇分液位 (2)开大弛放气阀或检修自调 (3)开大中间槽进口阀 (4)开满中间槽弛放气阀,待停车时更换
7	系统结蜡	(1)合成反应温度过高,副反应加快 (2)生产控制醇氨比过大,使新鲜气中 CO 过高 (3)生产中少量有机酸对设备腐蚀,生成羰基铁	(1)按指标控制催化剂温度 (2)严格控制进口 CO 含量在指标内,减少羰基铁的生成
8	循环机电台跳闸	循环机电路故障	联系调度; 略降低汽包压力,但要注意气汽压差小于 3.5MPa; 迅速开启备用机; 注意醇分液位,防止液位下降太快
9	循环机全部跳闸	循环机电机故障或晃电	迅速通知调度系统适当减量,联系醇烃化岗位注意负荷; 降低汽包压力,但要注意气汽压差小于 3.5MPa; 迅速开启备机; 注意汽包液位,适当补加除盐水,帮助降低催化剂温度; 注意醇分液位,防止液位下降太快; 联系电工和维修工检查跳闸原因,处理后迅速开启
10	系统大减量处理	系统进料量突然降低	注意床层温度,提高汽包压力和减小循环量来控制催化剂温度,防止垮温; 控制汽包液位,防止满液; 控制醇分液位,防止液位低

续表

序号	异常情况	原因	处理方法
11	全厂断电跳闸	停电	关汽包排污,监护好汽包液位,防止干锅,有除盐水后迅速补水; 迅速关闭放醇自调阀,并到现场关闭放醇根部阀; 迅速关闭醇洗自调阀,并到现场关闭醇洗根部阀; 关闭醇洗泵出口阀,开排气阀,使醇洗泵处于备用状态; 关闭循环机进出口阀,开近路阀,并打开放空阀泄压,使循环机处于备用状态; 关增压机进出口阀,开近路阀,并打开放空阀泄压,使增压机处于备用状态; 关汽包蒸汽外送自调和前后阀门,适当开3.0MPa蒸汽补汽包压力,保证气汽压差和催化剂温度在指标内。

（七）氨合成岗位

1. 岗位任务

氨合成岗位的主要任务是生产合成氨产品。

2. 生产原理

氨合成的化学反应方程式如下:

$$3H_2 + N_2 \Longrightarrow 2NH_3 + Q$$

该合成的特点,是一个体积缩小的可逆的放热反应过程,在高温高压并有催化剂存在的条件下对反应有利。

3. 工艺流程

氨合成岗位的工艺流程如图4-12所示。

压缩来净化气分两股,一股经补气缓冲罐分离油污后进入2#补气氨冷器,另一股直接进入1#补气氨冷器,两股气在补气油分前汇合后进入补气油分。经补气油分分离油水后的净化气与反应后气体在氨分前汇合之后顺流程进入氨分-冷交-循环机。循环机出口的气体,经油分分离油后,分成两股:一小股约10%的冷气进内外筒环隙,下进上出,引进上、中部换热器;一小股约10%的冷气由塔顶直接进入催化剂层一二段间冷激环管中;一股约80%的冷气进入塔外热交换器。

进合成塔的气体分成四路进塔:第一路为主入气口,它是通过合成塔下部进入合成塔内件中的下换热器的管程,与合成塔出口反应气进行换热后通过中心管(中心管内置有电炉)进入合成塔"零米"层。

第二路来自两个路线的气体配置后进入合成塔上筒体,通过软管进入中换热器管程中(中换热器 $\phi25mm$ 高效换热器管束的管内),第一股气为合成塔内外环隙气,第二股气为热交出口气,进入中换热器的管程与第2床反应后的高温气间接换热,换热提温后的气体同样通过中心管进入合成塔的"零米"层。

第三路同样来自两个路线的气体配置后进入合成塔上筒体,通过软管分配进入上换热器管程中,第一股气为合成塔内外环隙气,第二股气为热交出口气,进入上换热器的管程,与第1床反应后的出口气换热后进入合成塔"零米"层。

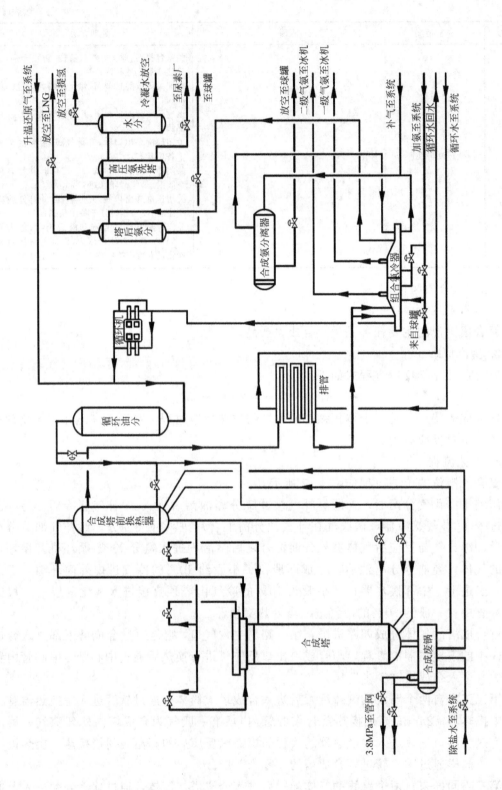

图 4-12　氨合成岗位工艺流程

第四股气为"零米"冷激气，通过下部进入合成塔零米，直接完成对"零米"温度的调节。

因第 1 催化剂床设置了一个轴向段和径向段（称之为"准全径向"），在轴向和径向转换的分布器中，设置了一个冷激气，这股气由油分出口冷气直接进入，流量约占总流量的 15%（催化剂前期流量大，后期流量小，直至完全不用）。

出塔气经废热锅炉进热交换器管内（上进下出），与管间冷气换热后进入气氨加热器、水冷器（A/B）、氨蒸发器，进冷交的管间（上进上出），在冷交管间与管内冷气体换热并分离氨后，进入一级氨冷器、二级氨冷器，出二级氨冷的气体与补气油分来的补充气一起进入卧式氨分离器，分离氨后进冷交管内（下进上出），冷却管间的热气体，本身温度提高到 20℃ 以上进入循环机，开始新的一轮循环。

4. 工艺指标

压力（表压）	/MPa
循环机出口气体压力	≤26
系统压差	≤2.5
合成塔压差	≤1.0
循环机油泵出口压力	0.35～0.45
废热锅炉蒸汽压力	≤2.5
放氨压力	≤2.4
气氨总管压力	0.1～0.3
系统升、降压速率	≤0.4/min
塔后放空压力	<16
氨蒸发器压力	<1.0
温度	/℃
催化剂"零米"温度	390～420
催化剂热点温度	470～520
主进气体温度	190～200
一氨冷器出口气体温度	−10～−5
二氨冷器出口气体温度	−15～−8
补气氨冷温度	0～3
合成塔塔壁温度（中、上）	≤120
废锅出口温度	约 220
升降温速率	40～50/h
气体成分	
循环气 H_2/N_2	2.2～2.8（氮气中不含氩气）
循环气 CH_4	17%～21%
合成进口气含 NH_3	≤2.5%
新鲜气微量 $CO+CO_2$	≤25×10^{-6}

液位（液位计高度）

氨分液位	40%～60%
闪蒸槽液位	15%～50%
废锅液位	30%～70%

废锅水质

总固体	≤200mg/L
总碱度	≤8mmol/L
pH	9～11
氯离子	≤2mg/L

其他

电加热器绝缘电阻值	＞0.2MΩ
循环机电流	＜62A
电加热器电流	＜2400A

5. 合成岗位异常情况及处理

氨合成岗位操作异常原因及处理方法见表 4-15。

表 4-15 合成岗位异常情况及处理方法

序号	异常情况	原因	处理方法
1	催化剂层温度升高过快	(1)补气量增加,而循环量未跟上去或循环量突然减小 (2)"零米"冷激气开得过小 (3)气质变好	(1)适当增加循环量、带电时要减小电炉或切电 (2)开大"零米"冷激气 (3)控制"零米"温度
2	催化剂层温度突然下降,系统压力突然上升	(1)带液氨入塔 (2)CO+CO₂微量高,催化剂中毒 (3)循环 H₂太高,H₂/N₂严重偏高 (4)某一副线自调阀门坏,全开	(1)加强放氨,减循环量,关"零米"冷激气,温度降得过低则开启电炉 (2)微量中毒,则先切气,启动电炉,开塔后降低系统压力,升温解析毒物 (3)循环 H₂过高,联系调度调节 H₂/N₂,开塔后放空,防止系统超压
3	合成塔进口气体氨含量高	(1)氨冷温度高 (2)氨分离效果差 (3)冷交填料、列管泄漏	(1)降低氨冷温度 (2)停车检修氨分离器 (3)检查冷交填料、列管泄漏情况
4	氨冷器出口温度高	(1)闪蒸槽加氨少,液位过低 (2)气氨总管压力高 (3)水冷、冷交效果差,氨冷进气温度高 (4)氨冷器内油污过多,影响传热效果	(1)加大加氨阀,提高液位 (2)与冰机联系 (3)杜绝补气带油入合成塔 (4)氨冷器定期排污,必要对冷交和氨冷器进行热洗
5	系统压差过大	(1)油污使设备增加阻力 (2)催化剂粉化使设备增加阻力 (3)合成塔阻力逐渐增加使系统压差增大	(1)杜绝补充气带油污入系统,提高油分离效果 (2)合成塔带进油污,使催化剂结皮,温度波动过大,催化剂加速粉化,形成阻力 (3)超温烧结更会增大阻力,必须严格按工艺指标操作
6	循环机进出口压差下降,同时系统压力上升,催化剂层温度上升	(1)循环机打气量突然减小 (2)系统近路开得过大 (3)合成塔、塔外热交、冷交的密封填料泄漏	(1)调开循环机,将打气量小的停下检修 (2)调小系统近路阀 (3)分析检查,更换填料

序号	异常情况	原因	处理方法
7	循环机打气量突然变小	(1)活门损坏,活门被渣卡住 (2)活塞环损坏 (3)气缸余隙过大 (4)填料泄漏 (5)近路阀内漏	(1)停机更换,清洗活门 (2)更换活塞环 (3)调整气缸余隙 (4)检修填料 (5)检修近路阀
8	催化剂热点下移	(1)空速过大,将热点压至下部 (2)还原时,上部催化剂还原度过低 (3)上部催化剂活性降低	(1)调整空速、分流量 (2)新催化剂还原度低时,提温使上部催化剂再还原8h以上 (3)上部催化剂使用时间太长,活性衰老,更换催化剂
9	合成塔阻力增大	(1)催化剂温度波动范围过大,加快了催化剂粉化 (2)带液和中毒,使催化剂温度大起大落,加剧了粉化 (3)气体净化度差,带入油污使催化剂结皮 (4)过热结块 (5)内件损坏	(1)严格按工艺指标操作 (2)严格工艺规程,杜绝带液和中毒 (3)强化油分离效果,运用先进的油分离内件,定时排油污 (4)阻力大于1.2MPa,要更换催化剂,清理催化剂筐 (5)停车检修
10	液氨带入合成塔	由于氨分液位调节不当或放氨不及时,致使液位过高,造成液氨带入合成塔	(1)迅速放低冷交换器或氨分的液位,如果液位计有故障应及时疏通 (2)关闭合成塔冷副阀,减小循环气量,以抑制温度下降;如果温度已降至反应点以下,可停止补气降压送主升温 (3)温度回升正常时,应逐步加大循环量,防止温度猛升。一般液氨故障消除后,温度恢复较快,要提前加以控制
11	合成塔塔壁温度过高	(1)循环量太小,塔冷副阀开度过大或塔主阀开度过小,使大量气体经冷气管越过换热器直接进入中心管,而通过内件与筒体的环隙间气量减小,对外壁的冷却作用减弱 (2)内件损坏,气体走近路,使流经内件与外筒间的气量减小 (3)内件安装与外筒体不同心或内件弯曲变形,使外筒与内件之间环隙不均匀 (4)内件保温不良或保温层损坏,散热太多 (5)突然停电停车时塔内反应热带不出去,环隙间冷气层不流动,辐射穿透使塔壁温升高	(1)尽量加大循环气量,关小塔冷副阀或开大塔主阀 (2)停车检修,校正内件外筒环隙,重整内件保温,必要时更换内件 (3)减少停电次数,停电时加强对壁温的监测,超温严重时要卸压降温
12	闪蒸槽压力突然上升	(1)冰机跳闸或者吸气滤网堵塞 (2)气氨出口总阀阀芯脱落 (3)氨冷器盘管穿孔,高压窜低压 (4)氨冷器液位上涨过高 (5)煮油器盘管穿孔,2.5MPa蒸汽通过气氨出口进入二级闪蒸槽 (6)水冷器水关死,导致氨冷器负荷突然加重	(1)增开冰机或者倒机检查清洗过滤网 (2)停车检查更换气氨总出阀门 (3)停车氨冷器查漏补焊或者更换盘管 (4)降低氨冷器液位 (5)切除煮油器,盘管补焊消漏 (6)开大水冷器进水,降低氨冷器负荷

序号	异常情况	原因	处理方法
13	电炉烧坏	(1)升温期间开启电炉前未先开循环机 (2)升温期间停循环机前未先停电炉或循环机跳闸时未及时停电炉 (3)正常生产带电运行时,循环量不足,电炉产生的热量不能及时移走 (4)停车、泄压处置不当,合成塔气体倒流,催化剂粉致电炉短路烧坏 (5)油分排污不力或分离效果差,油污带入合成塔,高温下分解为积炭致电炉短路 (6)电炉本身安装存在缺陷	(1)在无外界补气的情况下,开启电炉之前必须先开循环机,停循环机前必须先停止电炉,升温还原期间遇循环机跳闸必须急停电炉 (2)电炉使用过程中必须保证合成塔内气体流量在安全气量范围内,开电炉要注意循环流量计的变化 (3)在停车、泄压期间严禁气体倒流,泄压放空必须顺流程 (4)使用电炉时,电炉刚刚开启时要预热1min后再升压,升降压幅度要缓慢,一般在正常情况下不要急停电炉 (5)电炉长期未用时再开必须联系电工检查绝缘度,绝缘不合格不能开 (6)合成塔顶有人工作时,需要启用电炉必须提前联系,确认无人后再开,防止触电伤人 (7)严格按照规定频率对油分排污,防止油污带入合成塔
14	单台循环机跳闸	(1)设备机械故障 (2)电气、仪表故障	(1)首先检查跳闸机近路阀门应关死,控制好两套合成催化剂层温度,循环量未加满应迅速加满,备机开启投运,备机未投运前根据催化剂温度上涨幅度,适当调节冷副阀防止催化剂层出现超温现象 (2)密切关注系统压力,若系统超压则联系调度减量运行,若前工段减量不及时则开补气放空确保系统不超压为原则(开补气放空时应注意放空总管对天流程是否畅通) (3)迅速关死跳闸机的进出口阀,然后再开近路阀,泄压为零,联系相关人员检查跳闸原因做到备机合格后,联系调度、高压机岗位系统加量运行
15	全部循环机跳闸	(1)设备机械故障 (2)电气、仪表故障	(1)迅速联系调度岗位系统减量,同时联系电气备机检查完毕后至现场开启备机投运。然后联系调度视合成温度情况逐渐加量恢复生产 (2)若1#合成循环机所有备机一时开不起来,关死1#合成补气阀。通知2#合成增开循环机。联系相关人员检查跳闸原因。处理过程中严密观察系统压力,若减量不及时出现超压时,应开启补气放空防止系统严重超压 (3)密切注意两套合成催化剂层温度,开启各冷副线压温,1#合成在关死补气阀门后床层仍有飞温趋势则从循环机进口—近路阀—放空总管顺流程放空,进行泄压降温处理 (4)关死氨分、冷交放氨阀,防止高压窜低压;关死废锅并加水,各氨冷器加氨,联系冰机岗位人员减小冰机负荷 (5)备机投运后根据系统压力、催化剂温度情况,联系调度开始补气。注意补气前先开补气阀 (6)查明跳闸机原因并处理正常后,迅速将其他循环机投运并联系调度加量,系统恢复正常生产

五、主要设备

1. 氨合成塔

（1）构造 合成塔由高压外筒和内件两部分组成：主要有催化剂筐、下部换热器、电加热器，如图 4-13 所示。

（2）塔内流程 气体从塔顶部进入，在环隙中沿塔壁而下，经换热器壳程后到分气盒，分散到各双套管的内冷却管，到管顶折至外冷却管，气体被预热到催化剂的活性温度，再流经设有电加热器的中心管。从上而下通过催化剂床层，氮气和氢气在此反应后，出催化剂筐，通过换热器管程降低温度，出合成塔。为控制催化剂床层温度不致过高，有少量气体从冷气旁路管进入塔内，不经换热器壳程，而直接与已经预热的气体混合。

2. 冷交

（1）构造 冷交由外壳、换热器、中心管、集气盒、NH_3 分离套筒、旋流板组成，如图 4-14。

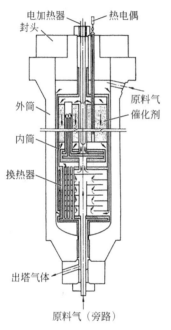

图 4-13 并流双套管式氨合成塔

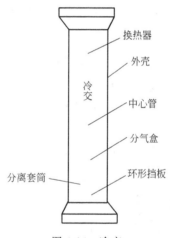

图 4-14 冷交

（2）冷交内流程 氨冷器来的气体，由底部进入塔内，沿升气管上升后从上部出口出来，经过旋流板分离掉部分液氨后继续向上进入氨分离套筒，从套筒内部通过套筒上的矩形孔依次向外流动，进行液氨分离，出套筒后向上进入换热器管间，与管内气体进行换热，最后从上部出口出冷交。冷排来的热气体由上部入冷交，进入换热器管内，与管间冷气体换热后进入下部集气盒，然后由中心管从顶部出冷交。

冷交内件从上到下依次是列管式换热器、集气盒、带矩形孔的分离套筒、旋流板、三层套筒（其内有升气管）。

（3）作用

①用氨冷器出口的冷气体冷却将要进氨冷的热气体，以回收部分冷量，从而减轻氨冷的负荷，同时，又使进合成塔的气体温度升高。

②分离出氨冷器气体中夹带的液氨。

3. 氨冷器

氨冷器主要由外壳和列管组成，管内为高压气体，管外为液氨。

4. 循环机

（1）循环机主要由电机、飞轮、主轴、曲轴、连杆、十字头、活塞、活塞杆、滑道、油泵、气缸等组成。

（2）工作原理　由电机带动飞轮，通过主轴带动曲轴，曲轴带动连杆，连杆带动十字头、活塞杆，使活塞在气缸内不断运动，气体即被源源不断地输出。

实习三　硫酸钾复合肥的生产实习

【实习任务与要求】

（1）了解硫酸钾型复合肥的各原料的性质，掌握硫酸钾型复合肥的生产工艺及原理，熟悉工艺流程图。

（2）初步掌握各主要岗位的工艺操作要点及控制指标。

（3）学会处理生产过程中异常现象的分析及处理方法。

（4）掌握安全生产注意事项，熟悉环境治理的方法。

一、产品概况

硫酸钾型复合肥采用氯化钾低温转化、化学合成、喷浆造料工艺生产而成，稳定性好，除含有植物必需的 N、P、K 三大主要营养元素外，还含有 S、Ca、Mg、Zn、Fe、Cu 等中、微量元素。此种肥料适合于各种经济作物，特别是忌氯作物。硫酸钾型复合肥的主要成分有 MAP（磷酸一铵）、DAP（磷酸二铵）、硫酸铵（主要是低温转化富余的硫酸与气氨中和所得）、硫酸钾、尿素等，其他还有一些少量的杂质如硫酸钙，磷酸的铁、铝、镁等盐以及微量未反应完全的氯化钾。

二、生产工艺原理

1. 转化岗位工艺原理

转化岗位反应方程式

$$KCl + H_2SO_4 \Longrightarrow KHSO_4 + HCl \uparrow$$

该反应式无论是高温法还是低温法均有此过程，反应是个放热反应，但反应热还不能维持该反应，需控制温度在 140℃左右，因此反应时需要外供部分热量，较简单的方法是先预热浓硫酸，或直接对参与反应的反应物进行加热。

硫酸氢钾在不同的温度下以两种不同的状态存在：固体状态和溶液状态。当温度约大于 100℃，硫酸氢钾呈溶液状，但较黏稠；当温度低于 100℃时，硫酸氢钾很快便结成硬硬的固体；当温度大于 130℃时，硫酸氢钾呈流动性较好的溶液状态。一般来说，氯化钾的转化程度是随着反应温度的升高而加大的。当反应温度小于 110℃时，转化率低于 75%；当反应温度在 110～140℃时，转化率在 75%～80%，如果反应温度大于 140℃时，转化率可达 80% 以上。而由于反应热无法使反应温度维持在 140℃，则用预热硫酸或加热其他反应物的办法实现，然而受到材料的限制，硫酸温度仅能加热到 120℃左右，若再升高温度在工程上有困难，因此反应时，一般转化率控制在 75%～

80％，同时可以保证产品氯离子控制在 3％以下。

生产中，温度控制的主要问题是反应温度难以维持，当反应温度下降，转化率大大下降，料浆无法输送，严重时甚至有堵塞整个反应系统，折断搅拌桨叶的危险。因此目前使用最广泛的是先用板式换热器将硫酸加热到 100℃后进入反应或将蒸汽直接通入反应槽中。

反应时间是指反应物料在反应槽内的平均停留时间。反应时间的长短主要影响氯化钾的转化率，增加反应时间，转化率提高，但当其他条件一定时，增加反应时间，对转化率的提高是有限的，因此转化时间一般控制在 1.5～2h。

当硫酸浓度低于 98％时，氯化钾的转化率也大大下降，它直接影响到产品中的氯离子含量。此外，硫酸浓度降低，腐蚀性增强，对材质要求更高。因此一般硫酸宜选择98％硫酸。

生产实践证明，国产氯化钾纯度低于国外，含水量高于国外，细度也大于国外，虽然生产中能使用国产氯化钾，但只能和进口氯化钾少量掺兑使用。但生产中会遇到加料困难、消耗增加、转化率下降等缺点。

2. 中和造粒岗位工艺原理

中和反应方程

$$氨中和：KHSO_4 + NH_3 = NH_4KSO_4$$
$$H_3PO_4 + NH_3 = NH_4H_2PO_4$$
$$H_3PO_4 + 2NH_3 = (NH_4)_2HPO_4$$
$$H_2SO_4 + 2NH_3 = (NH_4)_2SO_4$$

来自转化岗位的混酸（主要是磷酸、硫酸、硫酸氢钾）和来自合成氨的气氨，在较高的压力和温度下送入中和管式反应器，由于受其狭小的反应空间限制导致反应产生的高温料浆高速冲入闪蒸槽，同时反应释放的巨大反应热有效地蒸发物料中的水分，与添加尿素溶解后溢流至喷浆槽，再经喷浆造粒、干燥、筛分、冷却、涂膜而得到复合肥成品。

一般认为，成粒途径有三种：第一种是料浆在返料颗粒表面上的涂布；第二种是料浆作为黏结剂，把若干细小颗粒黏结成较大颗粒的黏结作用；第三种是自成粒作用，即料浆经雾化干燥后本身凝固而成的颗粒或细粉，此时成粒率显然很低。

三种成粒方式在造粒机内都存在。现 NPK 复合肥生产用的带喷枪、内返料的造粒干燥机内的造粒主要是涂布作用；当料浆为沙性、造粒机内料幕不均匀、料浆过度雾化时，自成粒作用明显；黏结作用不是主要的成粒方式。当雾化空气压力相对低时，喷枪喷出的料浆形成一股液柱，射穿料幕后落在造粒干燥机内造粒段的料床上，此时主要是黏结作用，但由于料浆分散性差，成粒效率低，且易出大块，产品外观也不规则圆滑。在操作中应尽力避免出现这种状况。

三、主要生产工序

将磷酸岗位输送来的磷酸经溜槽送入陈化槽储存，将陈化槽内磷酸用泵输送至磷酸澄清槽，磷酸经澄清槽澄清后溢流至溜槽进磷酸库，将澄清槽内底部沉降的磷石膏用泵送至磷酸岗位回收。

将硫酸岗位输送来的硫酸送入硫酸槽储存,并控制硫酸槽在一定液位,将硫酸槽内硫酸送至反应岗位。

$1200m^3$循环水池的水由冷水泵抽送到吸收系统石墨冷凝器、降膜吸收器等换热设备,换热后水直接回到循环水池。转化岗位的 HCl 气体经石墨冷凝器冷却和吸收后,再由吸收风机送到第一降膜吸收塔器、第二降膜吸收塔器吸收,合格的粗盐酸和成品盐酸用泵送至盐酸储槽,气体依次进入一洗、二洗、三洗逆流洗涤,最后符合环保要求的 HCl 气体经烟囱排放。

来自硫酸槽的硫酸用泵经电磁流量计计量后进入反应槽加料区,氯化钾经斗提机输送至料仓并通过圆盘给料机计量后由螺旋输送机加入反应槽加料区,硫酸和氯化钾反应后溢流至反应槽反应区进一步反应,溢出的 HCl 气体去吸收岗位吸收成盐酸,硫酸氢钾溶液再溢流至混酸槽与来自磷酸库的磷酸按一定比例混合制得合格的混酸,输送给后工段。

自合成氨的气氨与来自硫酸氢钾工段的混酸在管式反应器中进行氨酸中和反应,反应后的料浆经中和槽溢流至溶解槽,再溢流至喷浆槽,由喷浆泵送至造粒岗位进行喷浆;中和尾气通过风机至洗涤塔进行水洗涤,洗涤后的尾气排空,洗涤液送至尾洗岗位。尿素经尿素斗提机,通过加料螺旋变频调节补入溶解槽。

中和后的料浆由喷浆泵打入喷枪,经空压站来的压缩空气雾化后进入造粒机进行造粒,同时被热风炉来的热风干燥,造粒后的物料经干燥后从机尾下料口处经斗提机提升后进入一级筛进行筛分,合格颗粒去二级筛进行二次筛分,二次筛分后的合格颗粒经流化床冷却后去包膜机包膜,而后去成品皮带直至包装;一级筛筛出的大颗粒经破碎机破碎后,和一、二级筛筛出的小颗粒、细粉进入埋刮板输送机,共同返回造粒机机头内作返料。

四、主要生产岗位的工艺流程、操作要点及工艺条件

1. 转化岗位

(1)岗位任务　硫酸和氯化钾在反应槽内有蒸汽加热的情况下转化为硫酸氢钾溶液,与输送来的磷酸按一定比例混合,配制成混酸溶液。

(2)工艺原理　$KCl + H_2SO_4 \Longrightarrow KHSO_4 + HCl\uparrow$

(3)影响因素　硫酸浓度,反应温度与时间、氯化钾的质量。

(4)工艺流程　自硫酸槽的硫酸用泵经电磁流量计计量后进入反应槽加料区,氯化钾经斗提机输送至料仓通过圆盘给料机计量后由螺旋输送机加入反应槽加料区,硫酸和氯化钾反应后溢流至反应槽反应区进一步反应,溢出的 HCl 气体去吸收岗位吸收成盐酸,硫酸氢钾溶液再溢流至混酸槽与来自磷酸库的磷酸按一定比例混合制得合格的混酸,输送给后工段。转化工段工艺流程如图 4-15 所示。

(5)岗位工艺指标　反应温度在 130～148℃;使用磷酸含固量≤1%;成品磷酸酸浓度≥19%;硫酸浓度 98%。

(6)岗位操作要点　控制原料质量。控制氯离子和混酸比例。

(7)异常现象及处理方法　见表 4-16。

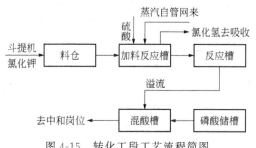

图 4-15　转化工段工艺流程简图

表 4-16　转化岗位异常现象及处理方法

序号	异常现象	原因	处理方法
1	氯离子偏高	(1)蒸汽量供给不足 (2)H_2SO_4浓度偏低	(1)联系调度,通知管网提压 (2)联系硫酸、磷酸岗位提高酸浓度,暂时不进酸
2	成品氯离子偏低	(1)H_2SO_4配比高 (2)KCl 太潮湿	(1)降低 H_2SO_4配比、增加每斗氯化钾的重量、降低磷酸配比 (2)更换或与其他氯化钾配合使用

2. 吸收岗位

（1）岗位任务　负责将转化岗位输送来的氯化氢气体最大限度地循环吸收成大于 31% 的浓盐酸，尾气达到排放要求后排空。控制四个环节（水平衡、酸温、酸浓、换水），实现循环水合格率不小于 90% 的目标。

（2）工艺原理　氯化氢溶于水成为盐酸。

（3）影响因素　吸收系统洗涤塔气体温度。

（4）工艺流程　循环水池的水由冷水泵抽送到吸收系统石墨冷凝器、降膜吸收器等换热设备，换热后水直接回到循环水池。转化岗位的 HCl 气体经石墨冷凝器冷却和吸收后，再由吸收风机送到第一降膜吸收塔器、第二降膜吸收塔器吸收，合格的粗盐酸和成品盐酸用泵送至盐酸储槽，气体依次进入一洗、二洗、三洗逆流洗涤，最后符合环保要求的 HCl 气体经烟囱排放。如图 4-16。

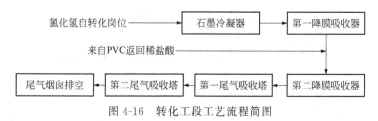

图 4-16　转化工段工艺流程简图

（5）岗位工艺指标　洗涤塔气体温度≤45℃，盐酸的浓度≥31%。

（6）岗位操作要点　尾气吸收情况，盐酸的浓度，循环水水池水位。

（7）异常现象及处理方法　见表 4-17。

表 4-17　吸收岗位异常现象及处理方法

序号	异常现象	原因	处理方法
1	尾气较大	(1)盐酸泵上酸量不足或停运 (2)降膜吸收塔喷头分酸不均或堵塞 (3)盐酸吸收塔内盐酸浓度过高 (4)反应槽蒸气管中部破裂	(1)检查泵进出口阀门开度或联系维修工处理 (2)待停车检查、清理喷头 (3)加大补水，调节成品盐酸取出量 (4)更换反应槽蒸汽管
2	盐酸浓度低不好提高	(1)降膜吸收塔堵塞 (2)石墨吸收器管道漏 (3)盐酸泵停止运行或泵上酸量不足	(1)待停车检查、清理 (2)待停车检查，将发现漏的石墨管道孔补上 (3)检修泵或检查泵进出口阀门开度
3	渣酸流量过小	(1)渣酸泵进口或出口堵 (2)返往陈化槽的渣酸量过大	(1)检查或清理 (2)调小返往陈化槽的渣酸阀门开度
4	循环水水池漫液	(1)渣酸泵进口或出口堵 (2)返往陈化槽的渣酸量过大	(1)检查或清理 (2)调小返往陈化槽的渣酸阀门开度

3.中和岗位

(1)岗位任务　对中和操作工艺过程加以规范，使整个中和过程控制规范化，制备出满足造粒需求的料浆供造粒使用，同时提高氨利用率，减小氨损耗。

(2)工艺原理　来自转化岗位的混酸（主要是磷酸、硫酸、硫酸氢钾）和来自合成氨的气氨，在较高的压力和温度下送入中和管式反应器，由于受其狭小的反应空间限制导致反应产生的高温料浆高速冲入闪蒸槽，同时反应释放的巨大反应热有效地蒸发物料中的水分，添加尿素溶解后溢流至喷浆槽，再经喷浆造粒、干燥、筛分、冷却、涂膜而得到复合肥成品。

(3)影响因素　中和度直接影响产品的组成，料浆的密度与黏结。提高中和度，产品中含氮量增加，P_2O_5 及 K_2O 含量则相对减少。中和度控制在 1.20~1.30 之间。料浆密度一般控制在 1.45~1.52g/mL 较为宜。

(4)工艺流程　自合成氨的气氨与来自硫酸氢钾工段的混酸在管式反应器中进行氨酸中和反应，反应后的料浆经中和槽溢流至溶解槽，再溢流至喷浆槽，由喷浆泵送至造粒岗位进行喷浆；中和尾气通过风机送至洗涤塔进行水洗涤，洗涤后的尾气排空，洗涤液至尾洗岗位。尿素经尿素斗提机，通过加料螺旋变频调节补入溶解槽。如图 4-17。

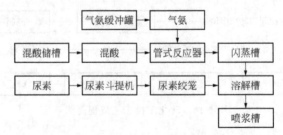

图 4-17　中和工段工艺流程简图

(5)岗位工艺指标　中和度控制在 1.20~1.30 之间，料浆密度一般控制在 1.45~1.52g/mL 较为宜。

(6)岗位操作要点　定时取样分析料浆中和度及水分情况，及时通知造粒岗位，并根据分析结果调整氨比值和洗液加入量，确保中和度和水分在指标范围内。控制好喷浆槽液位，既不能冒槽，控制在 50％～90％之间，也不能断料，要始终保持正常的液位。随时注意料浆变化情况，对中和物料的氨比值、沉淀和颜色做到心中有数，并及时联系下一岗位人员，便于下一岗位操作。

（7）异常现象及处理方法　见表 4-18。

表 4-18　中和岗位异常情况及处理方法

序号	异常现象	原因	处理方法
1	中和度过高	(1)氨比值过大或混酸流量过小 (2)氨水补入量多	(1)降低氨比值或加大混酸流量 (2)减少氨水补入量
2	中和度偏低	(1)氨比值偏小或混酸流量过大 (2)氨水补入量少	(1)提高氨比值或减小混酸流量 (2)加大氨水用量
3	料浆水分过高	(1)洗液加入量或加水量过大 (2)混酸密度偏低	(1)停止或减小加入量 (2)联系转化和磷酸适当提高密度
4	料浆水分偏低	(1)洗液加入量或加水量偏小 (2)混酸密度偏高 (3)机封水进入系统	(1)加大洗液加入量 (2)联系转化和磷酸适当降低密度 (3)检查机封出口并清理
5	酸流量变小	(1)混酸泵变频偏低 (2)酸管阀门及混酸储槽出口堵塞 (3)混酸管道堵塞 (4)管式反应器堵塞	(1)提高频率 (2)停车疏通 (3)停车清理叶轮或换泵 (4)停车吹扫或清理
6	氨流量变小	(1)气氨压力偏低 (2)与管反相接的氨管或管反堵塞	(1)提高气氨压力 (2)停车用蒸汽冲洗或清理
7	中和槽内料浆外溢	(1)溢流口堵塞 (2)中和开量大 (3)反应过于剧烈	(1)停车疏通 (2)减小中和量 (3)减小中和量
8	槽内蒸汽量大	(1)中和卫生风机故障 (2)抽风管阻塞	(1)检修风机 (2)疏通抽风管

4. 造粒岗位

（1）岗位任务　对喷浆造粒干燥的整个工艺过程进行规范和控制、以优化操作工况，制造符合质量要求的产品，稳定均衡生产。

（2）工艺原理　成粒途径有三种，一种是料浆在返料颗粒表面上的涂布；一种是料浆作为黏结剂，把若干细小颗粒黏结成较大颗粒的黏结作用；还有一种是自成粒作用，即料浆经雾化干燥后本身凝固而成的颗粒或细粉，此时成粒率显然很低。

三种成粒方式在造粒机内都存在。现 NPK 复合肥生产用的带喷枪、内返料的造粒干燥机内的造粒主要是涂布作用；当料浆为沙性、造粒机内料幕不均匀、料浆过度雾化时，自成粒作用明显；黏结作用不是主要的成粒方式。

（3）影响因素　中和度，料浆密度，雾化空气压力。

（4）工艺流程　中和后的料浆由喷浆泵打入喷枪，经空压站来的压缩空气雾化后进入造粒机进行造粒，同时被热风炉来的热风干燥，造粒后的物料经干燥后从机尾下料口处经斗提机提升后进入一级筛进行筛分，合格颗粒去二级筛进行二次筛分，二次筛分后的合格颗粒经流化床冷却后去包膜机包膜，而后去成品皮带直至包装；一级筛筛出的大颗粒经破碎机破碎后，和一、二级筛筛出的小颗粒、细粉进入埋刮板输送机，共同返回造粒机机头内作返料。造粒工段工艺流程简图如图 4-18。

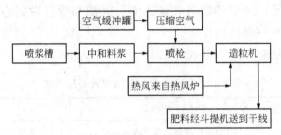

图 4-18 造粒工段工艺流程简图

(5) 岗位工艺指标 中和度控制在 1.20～1.30 之间。造粒机机头温度为 430～470℃，机尾温度为 85～95℃。料浆密度一般控制在 1.45～1.52g/mL 较为宜。

(6) 岗位操作要点 经常观察造粒机内料浆雾化情况及料幕的分布情况，发现异常及时处理。经常注意干燥机头负压是否处于正常状态，若呈正压马上与尾洗岗位联系，调节风机蝶阀或振打文丘里，也可调整热风机出口阀，使负压正常。对中和料浆的各项技术指标做到心中有数，以便本岗位操作。经常观察造粒机排出物料的干湿情况，粒度组成结构是否正常；同时观察返料情况和成品粒度组成情况。根据以上三部分来调整喷浆造粒工况。造粒机停车后，如果机内装物料，每隔一定时间须盘车一次，防止筒体变形。

(7) 异常现象及处理方法 见表 4-19。

表 4-19 造粒岗位异常现象及处理方法

序号	异常现象	原因	处理方法
1	造粒机尾温度过高	(1)进机热风温度高 (2)喷浆量小 (3)料浆含水量低 (4)粒度偏大	(1)降低机头温度 (2)加大喷浆量 (3)适当调整浆水分 (4)降粒度
2	造粒机尾温度偏低	(1)进机热风温度低 (2)喷浆量大 (3)料浆含水量高 (4)粒度偏小	(1)提高机头温度 (2)减小喷浆量 (3)降低料浆水分 (4)调大粒度
3	产品水分超标	(1)出机气温低 (2)喷浆量过大 (3)热风机变频小 (4)负压小	(1)提高出机温度 (2)减小喷浆量 (3)加大热风机变频 (4)检查负压系统,提高负压
4	料浆雾化不好	(1)压缩空气压力偏低 (2)料浆黏稠 (3)喷嘴局部堵塞 (4)枪头磨损	(1)提高压力 (2)加水稀释或调节磷矿配比 (3)停车疏通喷嘴 (4)更换枪头
5	喷浆量变小	(1)料浆管道堵塞 (2)泵叶轮内异物或磨损 (3)喷枪堵塞 (4)料浆含水量低 (5)喷浆槽液位低 (6)喷浆泵弯头垫子漏料	(1)停车清洗 (2)停车清除或换泵 (3)停车清除 (4)加水稀释、提高含水量 (5)增大中和投料,提高液位 (6)检修处理

续表

序号	异常现象	原因	处理方法
6	造粒机头呈正压	(1)尾气风机蝶阀开度小 (2)文丘里阻塞 (3)热风机出口阀开度大 (4)尾气风机结垢严重 (5)热风机频率过大 (6)洗涤循环槽液位高 (7)空塔液位高	(1)加大开度 (2)振打或清除 (3)减小开度 (4)用水冲洗或停车清理 (5)减小热风机频率 (6)调节至正常液位 (7)调节至正常液位
7	粒度不合格,多细粉大粒子	(1)喷嘴雾化不好 (2)混酸配比不妥 (3)料浆水分高 (4)物料温度低 (5)筛网筛分效果差	(1)停车检查 (2)调整配比 (3)降低水分 (4)提高机尾温度 (5)停车检查,清理筛网

五、安全隐患

本工段生产工艺为硫酸与氯化钾在蒸汽加热情况下进行分解反应生成硫酸氢钾溶液及氯化氢气体,氯化氢气体通过水吸收生产盐酸,硫酸氢钾溶液与磷酸混合后形成混酸与气氨进行中和反应,生产高温复合肥料浆。第一,生产所需的原料及生产过程的中间产品和副产品硫酸、磷酸、混酸、盐酸等危化品出现泄漏均对岗位设备存在腐蚀;第二,危化品较多,岗位操作及设备维护不利,会增加设备管道泄漏;第三,因原料反应生成产物为液固体混合物,导致管道设备系统易堵塞,影响系统的生产周期,系统开停车频繁。

本工段危化品储槽较多、运转设备较多。系统运转设备较多,设备日常维护管理难度较大。

从设备上来看,气氨缓冲罐属于压力容器,由于所承受介质属于易燃易爆有毒物质,一旦发生事故,会造成严重的人员伤亡和设备损坏,破坏力极大。资料表明 1t 液氨可使 28 万立方米的空间受到致命污染,因而一旦系统爆炸,则厂毁人亡。

氨是有刺激性臭味的无色气体,有毒能使人窒息。磷酸、硫酸、盐酸有较强腐蚀性,接触对人体皮肤有腐蚀伤害。中和生产高温料浆及蒸汽对人体易造成烫伤。

实习四　尿素的生产实习

【实习任务与要求】

(1) 了解尿素的应用与质量标准,了解原料的质量要求,了解尿素生产主要设备的结构、使用及维护保养。

(2) 掌握尿素的生产工艺原理,熟读工艺流程图。

(3) 初步掌握各主要岗位的工艺操作要点及工艺指标的控制方法。

(4) 学会生产过程中异常现象的分析判断与处理方法。

(5) 熟悉安全生产注意事项,了解生产废水的处理方法。

一、产品概况

尿素是人工合成的第一个有机物,广泛存在于自然界中。尿素产量约占我国目前氮肥总产量的 40%，是仅次于碳铵的主要氮肥品种之一。尿素作为氮肥始于 20 世纪初。尿素别名：碳酰二胺、碳酰胺、脲，因为在人尿中含有这种物质，所以取名尿素。尿素含氮 46%，是固体氮肥中含氮量最高的。

1. 物理性质

尿素，分子式为 $CO(NH_2)_2$，分子量 60.06，密度 $1.335g/cm^3$，熔点 132.7℃，溶于水和醇，不溶于乙醚、氯仿。尿素易溶于水，在 20℃ 时 100mL 水中可溶解 105g，水溶液呈中性。尿素产品有两种即结晶尿素和粒状尿素。结晶尿素呈白色针状或棱柱状晶形，吸湿性强。粒状尿素为粒径 1~2mm 的半透明粒子，外观光洁，吸湿性有明显改善。20℃ 时临界吸湿点为相对湿度 80%，但 30℃ 时，临界吸湿点降至 72.5%，故尿素要避免在盛夏潮湿的气候下敞开存放。

2. 化学性质

尿素在酸、碱、酶作用下（酸、碱需加热）能水解生成氨和二氧化碳。对热不稳定，加热至 150~160℃ 将脱氨成缩二脲。若迅速加热将脱氨三聚成六元环化合物三聚氰酸。与乙酰氯或乙酸酐作用可生成乙酰脲与二乙酰脲。在乙醇钠作用下与丙二酸二乙酯反应生成丙二酰脲。在氨水等碱性催化剂作用下能与甲醛反应，缩聚成脲醛树脂。

3. 尿素的用途

尿素是固体氮肥中含氮量最高的肥料，理化性质较稳定，施后对土壤性质没有影响，可施用于任何土壤和作物，可做根外施肥使用。同时尿素也是树脂、炸药、医药、食品等工业的重要原料。

尿素在商业上，有着极其广泛的应用，比如可作为特殊塑料的原料，尤其尿素甲醛树脂，某些胶类的原料；它还是肥料和饲料的主要成分；可以取代防冻的盐撒在街道，与撒盐相比具有不使金属腐蚀的优点；可加强香烟的气味，赋予工业生产的椒盐卷饼以棕色；尿素是某些洗发剂、清洁剂的成分；某些急救制冷包中的主要成分也是尿素，因为尿素与水的反应会吸热；同时尿素在工业上还可以用来处理柴油机、发动机、热力发电厂的废气，尤其可降低其氧化氮的成分；过去尿素可以用来分离石蜡，因为尿素能形成包合物；另外尿素还是耐火材料、环保引擎燃料的成分、美白牙齿产品的成分，尿素是纺织工业在染色和印刷时的重要辅助剂，能提高颜料可溶性，并使纺织品染色后保持一定的湿度。可以说尿素在生活的方方面面都有着广泛的应用。

二、尿素生产的基本原理及原料要求

20 世纪 50 年代以后，由于尿素含氮量高（45%~46%）、用途广泛和工业流程的不断改进，世界各国发展很快。我国从 20 世纪 60 年代开始建立中型尿素厂。工业上用液氨和二氧化碳为原料，在高温高压条件下直接合成尿素。

天然气、煤炭、石油是工业上生产化肥的三大原料，也是尿素的生产原料，通常被称为气头、煤头、油头三类。尿素生产有两个主要反应，前者放热，后者吸热。但整个过程仍是放热的。

20 世纪 20 年代在德国首次出现了以 NH_3 和 CO_2 为原料的现代的尿素工业合成方法。其反应分为两步，第一步 NH_3 与 CO_2 生成氨基甲酸铵；第二步，氨基甲酸铵脱水转化为尿素。但由于设备及严重的腐蚀问题，未能扩大生产。

　　不循环法是 20 世纪 30 年代最早成功的尿素连续生产方法。该法将合成的尿液，采用一次减压分离，解吸出的 NH_3 和 CO_2 进一步去副产硫铵或碳化氨水。这一流程，每生产 1t 尿素，副产约 4t 硫铵，因而大大限制了尿素的生产规模。

　　半循环法是 20 世纪 50 年代开发出的尿素连续的生产方法。该法将 NH_3、CO_2 合成反应生成的尿液，在两个压力等级下进行两次解吸分离。回收第一次较高压力下分离出来的 NH_3 和 CO_2 返回合成系统循环利用，而将较低压力下第二次分离出的 NH_3 和 CO_2 送去制造硫铵或碳化氨水。这种流程每生产 1t 尿素、副产约 2t 硫铵。半循环法优于不循环法，但仍未能使全部原料 NH_3 和 CO_2 均转变为尿素。

　　20 世纪 60 年代水溶液全循环法取得了成功。全循环法是将未转化为尿素的 NH_3 和 CO_2 从合成的尿液中降压（加热）分离，再加以回收，且全部返回尿素合成系统循环利用。全循环工艺由于构成封闭循环，不但原料充分利用，而且生产能力也大大提高。

　　根据未反应物的分离及回收方法的不同，全循环法又可分为如下工艺：

　　（1）气体全循环法　又分热气体循环法与气体分离全循环法。

　　①热气体循环法　将未转化为尿素的 NH_3 和 CO_2 经降压、加热从尿液中分离，并在热状态下直接加压，返回合成系统循环利用。热压缩的目的是为防止生成碳铵结晶堵塞管道和设备，但由于操作温度较高既增大了功耗又加剧了腐蚀。

　　②气体分离全循环法　将未转化为尿素的 NH_3 和 CO_2 经降压、加热从尿液分离出来，并用选择性吸收剂吸收 NH_3 或 CO_2，再行解吸，并分别压缩解吸气和未被吸收之气体，返回合成系统中去。可以推断，由于多出了选择性吸收、解吸，且又分别压缩，流程变得复杂，动力消耗亦较大。

　　（2）水溶液全循环法　将从尿液中分离出来的 NH_3 和 CO_2 混合气，用一定量水吸收为水溶液后用泵输返尿素合成塔。一般该条件下的泵的功耗会比压返气体的压缩机功耗小得多。该法根据加水量的不同又分为两种：一是加水量较多，H_2O/CO_2（摩尔比）约为 1 的碳酸铵盐水溶液全循环法；二是加水量较少，吸收后基本成甲铵溶液，故而称之为氨基甲酸铵溶液全循环法。考虑到系统的水平衡和能耗，加水量较少的氨基甲酸铵溶液全循环法更为优越。

　　上述的水溶液全循环法，仍是将未转化为尿素的 NH_3 和 CO_2 分等级的降压、升温加以分离再吸收为水溶液，继而加压泵回合成系统，各法功耗不同，但总要耗功，能否将未反应的 NH_3 和 CO_2 的大部分在合成压力下"等压"分离返回合成系统？倘能如此，无疑将会大大降低尿素生产的能耗，这正是气提全循环法的出发点。

　　（3）气提全循环法　该法是用合成尿素的原料 CO_2 气或 NH_3 气（或联尿生产中的变换气）在与合成"等压"（由于系统阻力稍低于合成压力）条件下将未反应的 NH_3 和 CO_2 逐出尿液，并在高压下冷凝为甲铵溶液返回合成系统。由于冷凝液的压力只稍低于尿素合成塔的压力，则返回合成的动力可以是稍高一些的液位差，或者是以高压原料液氨为动力的机械喷射装置将其增压。因此大大节省了循环的动力。

　　气提全循环法因其冷凝压力高，冷凝温度亦高。冷凝热可以用来生产低压蒸汽，且数量相当可观，供应尿液的浓缩有余。而在低压分离时，冷凝热不但不能生产蒸汽，还需消耗大量冷却水移走热量，高压气提全循环工艺的节能意义是显而易见的。

在合成等压下，用 CO_2 气提的全循环法以荷兰的斯塔米卡邦 CO_2 气提工艺为代表，20 世纪 70 年代前引进的装置。用 NH_3 气提的全循环法，以意大利的斯纳姆普罗吉 NH_3 气提工艺为先驱，中国的濮阳、锦西、天野化工、天华、建峰、九江、兰化、海南富岛一期均选用了斯纳姆氨气提工艺。

当代尿素生产，不论是采用哪种流程，基本由六个工艺单元组成，即原料供应、尿素的高压合成、含尿素溶液的分离过程、未反应氨和二氧化碳的回收、尿素溶液的浓缩、造粒与产品输送和工艺冷凝液处理，其基本过程如图 4-19 所示。原料 CO_2 和 NH_3 被加压送到高压合成塔反应生成尿素，二氧化碳转化率在 $50\%\sim75\%$，此过程被称为合成工序；分离过程与未反应物回收单元承担着把未转化为尿素的氨和二氧化碳从溶液中分离出来，并回收返回合成工序，因此这两个单元被统称为循环工序；最后在真空蒸发和造粒设备中把 $70\%\sim75\%$ 的尿素溶液经浓缩加工为固体产品，称为最终加工工序。

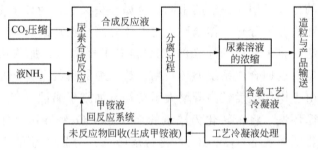

图 4-19　尿素生产基本流程

尽管尿素生产的基本过程相似，但在具体的流程、工艺条件、设备结构等方面，不同工艺存在一定的差异。迄今世界各地的尿素工厂，绝大多数都是由几家工程设计公司所开发设计的，已形成几种典型的工艺流程，典型的有荷兰斯塔米卡邦（Stamicarbon）公司的水溶液全循环 CO_2 气提法、意大利斯纳姆普罗吉（Snamprogetti）公司的氨气提法和蒙特爱迪生集团公司的等压双循环工艺（IDR）、日本三井东亚-东洋工程公司的全循环改良"C"法和改良"D"法及 ACES 法、美国尿素技术公司 UTI 的热循环法尿素工艺（HR）等。但不论是哪种工艺流程，生产过程中主要原料 NH_3 和 CO_2 的消耗基本上是相同的，其流程的先进与否主要表现在公用工程即水、电、汽的消耗上。尿素生产流程的改进过程，实质就是公用工程消耗降低的过程。

目前国内建有尿素装置 200 多套，规模分为大型（48 万吨/年以上）、中型（11 万吨/年以上）、小型（4 万吨/年以上）。中、小型尿素装置均采用国内的水溶液全循环技术，大型装置多采用国外引进工艺技术。在国内的大型尿素装置工艺技术中，多数采用二氧化碳气提工艺和氨气提工艺。目前的设计采用二氧化碳气提工艺和氨气提工艺的尿素装置，其尿素氨耗基本接近于理论水平，公用工程消耗更低，相对于传统的设计其投资更低。

1. 生产工艺原理

二氧化碳气提生产尿素工艺由以下几个主要工序组成：CO_2 气体的压缩、液氨的加压、高压合成与 CO_2 气提回收、低压分解与循环回收、真空蒸发与造粒、解吸与水解系统。

（1）合成原理 用氨和二氧化碳合成尿素的反应，通常认为是按以下两个步骤在合成塔内连续进行：

第一步：氨与二氧化碳作用生成氨基甲酸铵。

$$2NH_3+CO_2 \rightleftharpoons NH_4COONH_2+Q_1 \tag{1}$$

第二步：氨基甲酸铵脱水生成尿素。

$$NH_4COONH_2 \rightleftharpoons CO(NH_2)_2+H_2O-Q_2 \tag{2}$$

这两个反应都是可逆反应，反应（1）是放热反应，在常温下实际上可以进行完全，在100℃、150℃时，反应进行得很快、很完全，为瞬时反应，而反应（2）是吸热反应，反应进行得比较缓慢，且不完全，是合成尿素的反应控制步骤。

实验证明，尿素不能在气相中直接形成，固体的氨基甲酸铵加热时尿素的生成速度比较慢，而在液相中反应才较快。所以，尿素的生产过程要求在液相中进行，即氨基甲酸铵必须呈液态存在。温度要高于其熔点145～155℃，决定了尿素的合成要在高温下进行。

氨基甲酸铵是不稳定化合物，加热时很容易分解，在常温下60℃就可以完全分解，制取尿素时为了使氨基甲酸铵呈液态，采用了较高温度，所以必须采用高压。由上可知，合成尿素的反应的基本特点是高温、高压下的液相反应，并且是可逆放热反应。

（2）分解蒸发原理 利用不同组分在相同压力下沸点不同，同一组分在不同压力下沸点不同，通过加热、减压等手段，使混合液中易汽化的介质汽化分解，从而得到浓度较高的产品。

（3）水解原理

$$NH_4COONH_2 \rightleftharpoons (NH_2)_2CO+H_2O$$

（4）吸收、解吸原理 利用NH_3和CO_2在不同压力、温度下在水中的溶解度不同使未反应成分得到分离、溶解、吸收，最后以液态形式返回系统再次参加反应。

2. 原料物性与要求

（1）氨 无色，有辛辣刺激性的气味，比空气轻，摩尔质量17.03g/mol，密度0.771kg/m³，闪点-54℃，爆炸极限为15.7%～27%（体积比），有强烈的刺激性和腐蚀性，常温下极不稳定，遇热分解，极易形成氨水，放出大量热，20℃加压到0.87MPa时液化成无色液体。合成尿素的氨质量指标见表4-20。

表4-20 氨质量指标

项目	纯度(质量系数)/%	含水量(质量分数)/%	H_2+N_2/%	油含量/(mg/kg)	压力/MPa	温度/℃
指标	≥99.5	≤0.5	≤0.2	≤10	2.4	30

（2）二氧化碳 常温下是一种无色无味、不助燃、不可燃的气体，密度比空气大，摩尔质量44g/mol，密度1.816kg/m³略溶于水，与水反应生成碳酸。合成尿素时CO_2的质量要求见表4-21。

表4-21 二氧化碳质量指标

项目	纯度/%	H_2含量/%	CO/%	甲醇/(mL/m³)	硫化物/(mg/m³)	压力/MPa	温度/℃
指标	≥98.5	≤1.0	≤0.2	≤300	≤2	0.064	30

（3）冷却水　见表4-22。

表 4-22　冷却水质量要求

项目	氯离子/(mg/L)	入口温度/℃	出口温度/℃	污垢系数/(m²·h·℃/kcal)	压力/MPa
指标	≤100	≤32	≤42	≤0.0004	≥0.32

（4）3.8MPa蒸汽　见表4-23。

表 4-23　水蒸气质量要求

项目	压力/MPa	温度/℃	$SiO_2/\times10^{-9}$	电导/(μS/cm)	氯离子/(mg/L)
中压蒸汽	3.8	360~365	≤20	≤10	≤0.5

三、主要生产工序

尿素的生产工序主要包括CO_2气体的压缩、液氨的加压、高压合成与CO_2气提回收、低压分解与循环回收、真空蒸发与造粒、解吸与水解系统。

所谓气提法就是用气提剂如CO_2、氨气、变换气或其他惰性气体，在一定压力下加热，促进未转化成尿素的甲铵的分解和液氨汽化。气提分解效率受压力、温度、液气比及停留时间的影响，温度过高会加速氨的水解和缩二脲的增加，压力过低，分解物的冷凝吸收率下降。气提时间愈短愈好，可防止水解和缩合反应。故气提法是采用二段合成原理，即液氨和气体CO_2在高压冷凝器内进行反应生成甲铵，而甲铵的脱水反应则在尿素合成塔中进行。实际上，为了维持合成尿素塔的反应温度，部分甲铵的生成留在合成塔中，而不是全部在高压冷凝器中完成。这是一个吸热、体积增大的可逆反应，只要有足够的热量，并能降低反应产物中任一组分的分压，甲铵的分解反应就能一直向右进行，气提法就是利用这一原理，当通入CO_2时，CO_2的分压趋于1，而氨的分压趋于0，致使反应不断进行。

二氧化碳气提尿素装置由以下工序组成：高压圈包括尿素合成塔、气提塔、甲铵冷凝器、高压洗涤器和高压喷射器；后工序仅设置了低压分解吸收系统；真空蒸发系统包括了两段真空蒸发和冷凝系统，并设置了工艺冷凝液处理工序，真空蒸发后的尿液送入最终造粒工序。

该工艺的主要特点为在最佳氨碳比的条件下，使合成压力降到最低。同时，在合成压力下，用二氧化碳气体对甲铵液进行气提，分解的氨和二氧化碳在合成压力下冷凝，其冷凝热用来副产蒸汽供二段分解和一段蒸发作加热蒸汽用，并作为蒸汽喷射器的动力蒸汽以及提供系统保温用。由于采用二氧化碳气提，该工艺与氨气提尿素工艺相比，气提压力较低，气提效率较高，因而无需中压分解也能满足尿素装置生产的要求。该工艺技术改进后，采用了原料CO_2气体的脱氢技术，杜绝了工艺过程中燃爆的危险性，在高压洗涤器后设4bar吸收塔吸收不凝气中的氨，减少了尿素装置的消耗。工艺流程短，设备少，生产稳定，消耗低。该法在我国建厂较多，积累了丰富的设计、设备制造和生产的经验。近年来，在我国新建的尿素装置和大型尿素装置的改造中，大都采用了新型的二氧化碳气提法工艺技术。

四、工艺流程、操作要点及工艺条件

二氧化碳气提法合成尿素工艺流程图如图 4-20 所示。

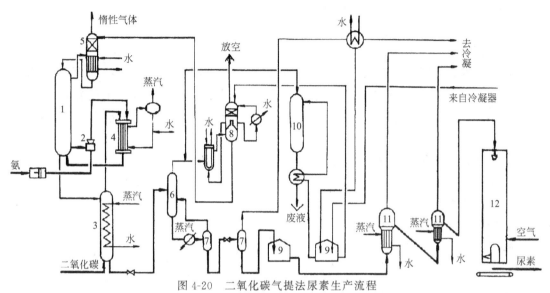

图 4-20 二氧化碳气提法尿素生产流程

1—合成塔；2—喷射泵；3—气提塔；4—高压甲铵冷却器；5—洗涤器；6—精馏塔；7—闪蒸罐；
8—吸收器；9—储罐；10—解吸塔；11—蒸发器；12—造粒塔

（一）CO_2 气体压缩工序

1. 操作工艺

从合成氨装置送来的 CO_2 气体，先进入液滴分离器，将所含液滴分离后进入 CO_2 压缩机。CO_2 压缩机是由蒸汽透平作动力驱动的两缸四段离心式压缩机，在每段之间分别设有段间冷却器和气液分离器。在压缩机各进出口设有若干温度、压力监测点，以便于监视压缩机的运行状况，压缩机的负荷是通过改变蒸汽透平的转速来控制的，经四段压缩后的气体（压力约为 14.3MPa，温度为 110℃左右）送去脱氢系统（视 CO_2 中 H_2 含量和合成系统高压尾气的洗涤吸收工艺方式而定，法型尿素装置不设脱氢装置），脱氢后的 CO_2 中含氢及其他可燃气体小于 50×10^{-6}。

在 CO_2 液滴分离器前加入一定量的空气，以供脱氢和设备防腐所需的氧气。空气由空气鼓风机提供，进入系统的空气量由一流量控制阀来调节。

2. 生产工艺条件

（1）操作压力：一段入口 0.103MPa；四段出口压力 14.0～14.5MPa。

操作温度：一段入口≥30℃；四段出口 120℃；各段填料函温度≤60℃。

（2）循环油工艺指标 循环油压≥0.25MPa，油温≤40℃；油箱油位 1/2～2/3；注油器油为 2/3；注油量 5～10 滴/min。

（3）冷却水指标 总管进口水温度≤32℃；进口水压≥0.4MPa；各冷却器排水温度≤40℃；气缸出水温度≤50℃。

（4）主机指标 定子温度≤100℃；功率因数＞0.95。

（5）气体成分指标 CO_2 纯度≥96%；O_2 含量 0.7%～1.0%；H_2S≤15mg/m³；脱硫后≤10mg/m³。

3. 操作注意点

（1）排气压力、排气温度、油位等是否正常。

（2）机组冷凝液是否能自动排除。

（二）NH_3 的加压工序

1. 操作工艺

从合成氨装置送来的液氨经流量计量后引入高压氨泵，液氨在泵内加压至 16.0MPa（A）左右。液氨的流量根据系统的负荷决定，通过控制氨泵的转速来调节。加压后的液氨经高压喷射器与来自高压洗涤器中的甲铵液，一起由顶部进入高压甲铵冷凝器。

美型和中荷型尿素装置将加压后的液氨在氨加热器中加热到约 40℃后，再经高压喷射器与来自高压洗涤器中的甲铵液一起由顶部进入高压甲铵冷凝器。

2. 生产工艺条件

高压液氨：

操作压力	液氨组成
入口　1.8～2.3MPa（绝）	NH_3　≥99.5%（质量）
出口　16～16.3MPa（绝）	H_2O＜0.5%（质量）
操作温度　≤30℃	H_2+N_2＜0.02%（质量）
	油＜$10×10^{-6}$

3. 操作注意点

（1）监视各泵出口压力、温度，严防超温超压。

（2）检查排放各疏水器倒淋，注意溶液温度不得过低，以免结晶堵塞。

（3）检查供油、供气、供水情况，充分保证有良好的润滑、冷却、保温条件。

（4）认真巡检氨水槽液位，液位不能过低。

（5）检查电机的电流、温升情况，防止过热。

（6）检查泵的密封水是否畅通。

（7）认真检查各泵机械运转是否正常，机械连接部件是否松动。

（8）定期倒泵，以防止备用泵故障影响生产。

（三）高压合成与气提工序

1. 操作工艺

合成塔、气提塔、高压冷凝器和高压洗涤器这四个设备组成高压圈（如图 4-21 所示），这是二氧化碳气提法的核心部分，这四个设备的操作条件是统一考虑的，以期达到尿素的最大产率和热量的最大回收，以副产蒸汽。

从高压冷凝器底部导出的液体甲铵和少量的未冷凝的氨和二氧化碳，分别用两条管线（图 4-21 中仅画了一条线）送入合成塔底，液相加气相物料中 NH_3/CO_2（物质的量比）约为 2.9，温度为 165～170℃。合成塔内设有筛板，形成类似几个串联的反应器，塔板的作用是防止物料在塔内返混。物料从塔底升到塔顶，设计停留时间约 1h。二氧化碳转化率可达 56%～58%，相当于平衡转化率的 90%以上。

尿素合成反应液从塔内上升到正常液位，温度上升到 183～185℃，经过溢流管从塔下出口排出，经过液位控制阀进入气提塔上部，再经塔内液体分配器均匀地分配到每根气提管中。液体沿管壁成液膜下降，分配器液位高低起着自动调节各管内流量的作用。液体的均匀分配，以及在内壁成膜是非常重要的，否则气提管将遭到腐蚀。由塔下部导入的二氧化碳气体，在管内与合成反应液逆流相遇。管间以蒸汽加热，合成反应液中过剩氨及未转化的甲铵将被气提蒸出和分解，从塔顶排出，尿液及少量未分解的甲铵从塔底排出。因当温度高于200℃时气提管会受到严重的腐蚀，受操作温度的限制，气提塔中氨蒸出率约为85%，甲铵分解率约为75%，有4%的尿素水解。另外也受负荷和液体在塔内停留时间的限制，换热面积不变的情况下负荷太低则尿液不能成膜，加热时间太长，则尿素水解和缩二脲生成将会增多。从气提塔底排出的液体，含有15%的氨和25%的二氧化碳，含缩二脲约0.4%。

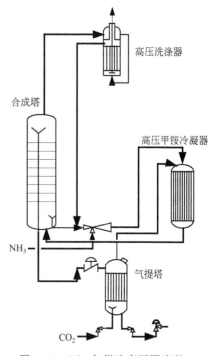

图 4-21　CO_2 气提法高压圈流程

　　液体在气提管内要有一定的停留时间，以提高分解率。管子太长或太短都是不利的，目前气提管长为6m。管数也不能太多，以避免影响膜的形成，气提塔出液温度控制在 162～172℃ 之间。塔底液位控制在 20% 左右，以防止二氧化碳气体随液体流入低压分解工段，造成低压设备超压。

　　从气提塔顶排出 180～185℃ 的气体，与新鲜氨及高压洗涤器来的甲铵液在约14.0MPa 下一起进入高压甲铵冷凝器顶部。高压甲铵冷凝器是一个管壳式换热器，物料走管内，管间走水用以副产低压蒸汽。根据副产蒸汽压力高低，可以调节氨和二氧化碳的冷凝程度，控制冷凝量在约 85%，保留一部分气体在合成塔内冷凝，以便补偿在合成塔内甲铵转化为尿素所需热量，而达到自热平衡。所以把控制副产蒸汽压力作为控制合成塔温度、压力的条件之一。为了使进入高压甲铵冷凝器上部的气相和液相得到更好的混合，增加其接触时间，在高压甲铵冷凝器上部设有一个液体分布器。在分布器上维持一定的液位，就可以保证气-液的良好分布。

　　从合成塔顶排出的气体，温度约为 183～185℃，进入高压洗涤器。在这里将气体中的氨和二氧化碳用加压后的低压吸收段的甲铵液冷凝吸收，然后经高压甲铵冷凝器再返回合成塔，不冷凝的惰性气体和一定数量的氨气，自高压洗涤器排出高压系统，经惰性气体放空筒放空。

　　高压洗涤器分为三个部分：上部为防爆空腔，中部为鼓泡吸收段，下部为管式浸没式冷凝段。从合成塔导入的气体先进入上部空腔作为防爆的惰性气体（氨和二氧化碳之和不小于 89%），然后导入下部浸没式冷凝段，与从中心管流下的甲铵液在底部混合，在列管内并流上升并进行吸收。其所以采用并流上升的冷凝方式，是为了使塔底不会形成太浓的溶液而析出结晶。管内得到约 160℃ 的浓甲铵液（水约 23%，NH_3/CO_2 为

2.5)。吸收作用是生成甲铵的放热反应,在高压洗涤器中冷凝放出的热量由高压调温水带走,调温水温度控制在 120～130℃。高压调温水在高压洗涤器循环水泵、高压调温水冷却器、高压洗涤器壳程之间进行闭路循环(有些装置高压调温水还作为精馏塔下部循环加热器的热源)。水温由循环冷凝器的温度控制阀及其旁路来控制,通过恒压泵或恒压槽恒定其压力在 1.0～1.2MPa,以防止高压调温水汽化。在下部浸没式冷凝段未能冷凝的气体,进到中部的鼓泡段,经鼓泡吸收后的气体,尚含有一定数量的氨和二氧化碳送往惰性气体放空筒放空(或进入 0.6MPa 吸收塔)。在合成塔到高压洗涤器的气相管线上设有安全阀,在防爆空腔的隔板上设有防爆板。

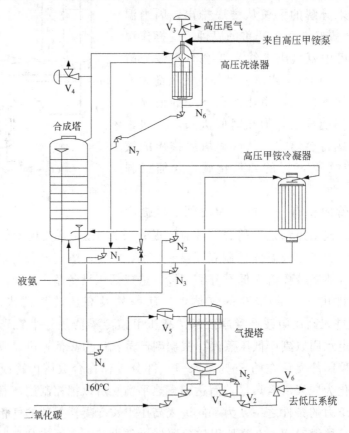

图 4-22 带排放管线的高压系统流程

如图 4-22 所示,从高压洗涤器中部溢流出的甲铵液,其压力与合成塔顶部的压力相等。为将其引入较高压力的高压甲铵冷凝器(约高出 0.3MPa),必须用喷射器。来自高压液氨泵的液氨(压力约为 16MPa)进入高压喷射器,将高压洗涤器来的甲铵升压,二者一并进入高压甲铵冷凝器的顶部。高压喷射器设在与合成塔底部相同的标高位置。从合成塔底引出一股合成反应液,与高压洗涤器的甲铵液混合,然后一起进入高压喷射器。引出这股合成反应液的目的:第一,为了保证经常有足够的液体来满足高压喷射器的吸入要求,而不必为高压洗涤器设置复杂的流量或液位控制系统;第二,合成塔引出的合成反应液含有一定量的尿素,可使高压冷凝器中的液体沸点得到提高,有利于提高副产蒸汽的操作压力。

根据生产要求将高压系统的主要参数均显示在控制盘上。由操作人员根据各参数变化的趋势和合成塔液相 NH_3/CO_2 分析数据，加以全面考虑和分析，以手控进行适当的调整。此外，必要时也可分析合成塔上部气相组分，从而判断合成塔内的操作条件是否正常来调节有关参数。

图 4-22 中增加了尿素装置停车时高压系统排放流程管线。阀 N_i（$i=1\sim7$）为排放阀。高压设备和管线中的全部液体通过 N_5 排到低压系统。

美型和法型尿素装置设计有 0.6MPa 吸收系统，则在合成塔的气相管线上为高压系统单独设计了放空阀 V_4，用于手动卸压，正常生产中该阀是关闭的。中荷型尿素装置的高压洗涤器高压尾气直接通过减压阀放空。

2. 生产工艺条件

合成系统

合成塔

操作压 13.8～14.2 MPa（绝）

操作温度（顶）180～183℃

出口气相 N/C 3.0～3.5

塔内液相 N/C 2.9～3.0

CO_2 转化率 约 58%

气提塔

操作温度 160～175℃

出口液相含 NH_3 6%～8%（质量）

加热蒸汽压力 1.8～2.1 MPa（绝）

加热蒸汽温度 214℃

高压冷凝器

操作压力 13.8 MPa（绝）

操作温度 167℃

副产蒸汽压力 0.45 MPa（绝）

高压洗涤器

操作温度

出口液相 160～165℃

出口气相 90～110℃

循环水冷却温度

入口温度 110～120℃

温升 约 10℃

3. 工艺流程

工艺流程见图 4-22。

4. 操作注意点

（1）高压圈主要控制好 N/C、H/C、温度和压力，获得高的 CO_2 转化率，分析工人与操作工人密切配合，操作上要根据分析结果结合系统状况的变化进行相应的调节。

（2）保证系统压力在 13.5～14.5MPa 范围内，保证喷射泵前后的压差，则抽吸量为定值，注意高压甲铵冷凝器出液温度控制在 167～170℃之间，则 N/C 在 2.9～3.0 之间，密切注意合成塔出液温度、气提塔出液温度，将水碳比控制在 0.45～0.5 之间，保证高压洗涤器少量放空。

（3）要避免甲铵液带入过多的水，要防止各处漏入的水带入系统。当系统水碳比增加时，CO_2 转化率下降，进入低压系统溶液中的 NH_3 和 CO_2 增加，为了回收这部分 NH_3 和 CO_2，需要增加水量吸收，如此又使返回系统的甲铵液带入的水增加，又进一步影响 CO_2 转化率，造成恶性循环。当不正常时，可暂时限制甲铵泵的转速，限制过多的水进入高压甲铵冷凝器和尿素合成塔，保证高压系统在良好的状态下运行。

（4）高压甲铵冷凝器出液温度与氨碳比有关，可从高压甲铵冷凝器出液温度计观察，判断甲铵的冷凝程度。当氨碳比增加时，冷凝温度下降，反之，则冷凝温度升高。

（四）低压分解与循环回收工序

1. 操作工艺

从气提塔出来的反应混合物（压力约 14.0MPa，温度为 162～172℃），经液位控制阀减压到约 0.3MPa，减压膨胀，使溶液中甲铵分解气化，所需热量由溶液自身供给，溶液温度降至 120℃左右，气-液混合物进入精馏塔顶部，喷洒到精馏塔鲍尔环填料上。液体从底部流出，温度约 110℃进入循环加热器，进行甲铵的分解和游离 NH_3 及 CO_2 的解吸，其热量由壳侧的低压蒸汽（美型和中荷型尿素装置利用高调水作为补充热源）提供。加热蒸汽压力由调节阀调节流量大小来控制。离开循环加热器的气液混合物在精馏塔分离段中气液相发生分离，分离后的尿液经液位调节阀进入闪蒸槽，尿液温度为 135℃左右。分离出来的气体进入填料段与喷淋液逆流接触，进行传热传质，进一步吸收 NH_3 及 CO_2。

离开精馏塔顶部的气体（NH_3/CO_2 物质的量比为 2 左右）以及解吸回流泵送来的解吸冷凝液分别进入低压甲铵冷凝器冷凝。由于 NH_3/CO_2 物质的量比较低，达不到最佳冷凝，因而在低压甲铵冷凝器底部加入一定量由高压氨泵进口来的液氨，将 NH_3/CO_2 调整到 2.0～2.5（物质的量比）的最佳冷凝工况（设有 0.6MPa 吸收塔的装置，因进入低压吸收系统的吸收液中氨浓度要高些，因此设计中未考虑向低压系统加氨）。甲铵的冷凝热及生成热由闭路循环的低压调温水带走。低压调温水在循环水泵、氨加热器（如果有）、低调水循环冷却器、低压甲铵冷凝器中密闭循环，其温度由进低调水循环冷却器的低调水主副线调节阀来调节，一般控制在 50℃左右，低压调温水流量控制在约 1200 m^3/h。

出低压甲铵冷凝器的气液混合物（温度约 71℃），进入低压甲铵冷凝器液位槽进行气液分离。分离出来的气体在低压洗涤器的填料层与工艺冷凝液泵打来的氨水（或来自 0.6MPa 吸收塔的吸收液）逆流相遇洗涤。为减少进入高压系统的水量和提高吸收效果，从低压洗涤器中抽出一部分溶液，经低压洗涤器循环泵增压、经低压洗涤器循环冷却器冷却后喷洒在低压洗涤器填料层上。在低压洗涤器中，经填料层吸收了 NH_3 和 CO_2 的溶液收集在其底层，除一部分由低压洗涤器循环泵打出循环外，其余的由内部循环进入低压甲铵冷凝器。在低压洗涤器顶部出口管线上装有压力调节阀，使循环工序压力控制在 0.25MPa 左右，未冷凝吸收的气体通过此阀与解吸水解系统回流冷凝器中未冷凝的气体一起送入常压吸收塔底部，在吸收塔填料层与吸收塔给料泵打来的氨水逆流接触，气体中少量的 NH_3、CO_2 被进一步吸收，未吸收的气体从顶部通过排气筒排入大气，吸收塔中的液体从塔底排至氨水槽。

低压甲铵冷凝器液位槽中的甲铵液温度约 72℃，经高压甲铵泵加压到约 15.0MPa 返回送到高压洗涤器。在甲铵泵出口设置旁路返回低压甲铵冷凝器，此旁路为开、停车时打循环使用。

2. 生产工艺条件

循环加热器	低压甲铵冷凝器
操作压力　0.3 MPa（绝）	冷凝压力 0.25 MPa（绝）

操作温度 135℃   冷凝温度 75℃

闪蒸槽   低压吸收塔

操作压力 0.045 MPa（绝）   操作压力 0.3 MPa（绝）

出口液体温度　90~95℃   操作温度 60℃

3. 工艺流程

工艺流程图见图 4-23。

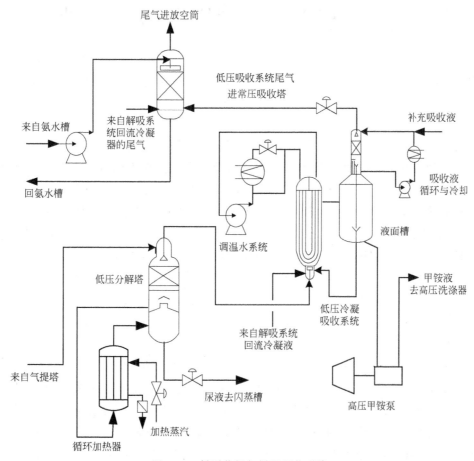

图 4-23　低压分解与循环回收系统

4. 操作注意点

（1）低压部分精馏塔要控制好出液温度在 135~138℃为宜，调节方法是通过加热器加入蒸汽量进行调节，如设定一个蒸汽压力值，通过蒸汽压力自动调节器，将蒸汽压力自动调节在设定值，则出塔溶液温度可达到要求。

（2）低压吸收设备主要控制好低压甲铵冷凝器的压力、温度和组分即可。如压力增高，将使分解操作恶化，进一步影响闪蒸槽和蒸发系统的操作，但压力过低，不仅影响吸收效果，而且由于压力降低，溶液中的 NH_3 和 CO_2 则从液相进入气相（闪蒸现象），造成甲铵泵汽蚀，使生产无法进行。所以严格控制低压压力在 0.3~0.35MPa 之间，出液温度在 70℃左右，则溶液组分为定值，给正常生产创造条件。

（3）氨水槽浓度正常时 NH_3 在 5%~7% 之间，如氨水浓度增加，则表明操作上已存在问题，应检查氨泵、甲铵泵的密封液和柱塞主、副填料泄漏情况，低压甲铵冷凝器、回流液位槽、回流冷凝器的排放阀和精馏塔的分解效率，闪蒸冷凝器中液氨含量。

（五）真空蒸发与造粒工序

1. 操作工艺

进入闪蒸槽的尿素溶液在闪蒸槽内减压至约 0.045MPa，使甲铵再一次得到分解，NH_3、CO_2 及相当数量的水从尿液中分离出来。这是一个绝热闪蒸过程，分离所需的热量由溶液本身提供。尿素溶液温度从 135℃降至 90℃左右。至此，气提塔出来的溶液经两次减压和循环加热处理，其中的 NH_3 和 CO_2 已基本被分离出来，尿液中尿素的质量分数提高到 72%～75%，进入尿液储槽。闪蒸槽的真空度主要由一段蒸发喷射器的抽吸来维持。闪蒸出来的 NH_3、CO_2 和水进入闪蒸槽冷凝器冷凝，冷凝液进入氨水槽，其中未冷凝的气体，经调节阀与一段蒸发分离器的二次蒸气一起进入一段蒸发冷凝器中冷凝。

尿液槽中的尿液经尿液泵送到一段蒸发加热器，尿液流量由设置在管道上的调节阀控制。一段蒸发加热器是直立管式加热器，尿液自下而上在管内流动，在真空抽吸下形成升膜式蒸发。蒸发所需热量由高压甲铵冷凝器产生的低压蒸汽（有些装置还同时使用二段蒸发加热器来的冷凝液）供给，其温度由温度调节器自动调节加热蒸汽压力来实现。气-液混合物进入一段蒸发分离器进行气-液分离。蒸发二次蒸汽从顶部出来与闪蒸槽冷凝器来的气体一起进入一段蒸发冷凝器中冷凝，冷凝液进入氨水槽。在一段蒸发冷凝器中未冷凝的气体由一段蒸发喷射器抽出与二段蒸发第二冷凝器来的气体一起进入最终冷凝器中冷凝。一段蒸发的压力控制在 0.03～0.04MPa，其真空度由一段蒸发喷射器维持，并通过一段蒸发喷射器吸入管线上的压力调节阀调节空气吸入量及一段蒸发喷射器的蒸汽用量来控制。

一段蒸发出来的尿液浓度为 95%（质量分数），温度为 125～130℃，通过"U"形管进入二段蒸发加热器，它也是一个直立管式换热器。尿液在管内进行升膜式蒸发，壳侧用 0.8MPa 蒸汽加热。二段蒸发压力为 0.003～0.004MPa，其真空度由蒸发喷射器保持。从二段蒸发加热器出来的气-液混合物进入二段蒸发分离器进行气液分离。分离后的气体由升压器抽出，压力升至 0.012MPa，进入二段蒸发冷凝器，其冷凝液进入氨水槽，仍未冷凝的气体由二段蒸发第一喷射器抽吸到二段蒸发第二冷凝器进一步冷凝，冷凝液进入氨水槽。没有冷凝的气体由二段蒸发第二喷射器抽出与一段蒸发喷射器抽来的气体一起进入最终冷凝器，冷凝液进入氨水槽，最终还没有冷凝的气体进入排气筒排入大气。蒸发系统所有喷射器均以自产低压蒸汽作为动力。

离开二段蒸发分离器的熔融尿素浓度为 99.7%（质量分数），温度为 136～142℃，经熔融尿素泵送到造粒塔顶部的造粒喷头。在其管线上设置有一个三通阀，并构成一循环回路，当蒸发系统开停车或发生故障时，熔融液可通过此循环回路返回尿液槽，俗称"蒸发打循环"。

熔融尿液由旋转喷头均匀地喷洒在造粒塔的截面上，其流量可通过熔融尿素泵出口管线上调节阀来控制。喷头旋转时，在离心力作用下喷洒成均匀的小液滴，自上而下，与从塔底自然通风进入的空气逆流相遇，液滴在下降过程中被冷却而固化。造粒塔底的颗粒尿素温度约60℃，由刮料机将尿素送入下料槽，并由塔底皮带机运送入散库储存或直接输送到包装工序。

中荷型尿素装置增设晶种造粒系统，用晶种造粒法来提高成品尿素的冲击强度。

2. 生产工艺条件

一段蒸发

操作压力 0.033MPa（绝）

操作温度 125～130℃

出口尿液浓度 约95％（质量）

二段蒸发

操作压力 0.0034 MPa（绝）

操作温度 138～140℃

出口尿液浓度 约99.7％（质量）

成品尿素

含氮量 ≥46.3％（质量）

缩二脲含量≤0.9％（质量）

粒度（1～2.4mm）90％（质量）

含水量≤0.5％（质量）

3. 工艺流程

工艺流程图见图 4-24。

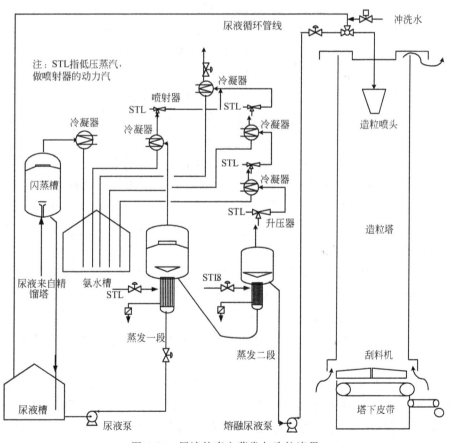

图 4-24　尿液的真空蒸发与造粒流程

4. 操作注意点

（1）注意维护好一二段温度的稳定，闪蒸和一二段蒸发真空度都要维持到正常工艺指标，以保证尿素产品质量。

（2）检查尿素产品质量，经常调整各工艺指标。

（3）检查上塔保温蒸汽和设备的保温蒸汽情况。

（4）注意二楼二段蒸发下液视镜的液位，以防断料堵塞上塔管线，液位过高造成积料导致缩二脲含量高。

（5）注意一二段蒸发现场真空度，如果真空度低，用蒸汽冷凝液冲洗。

（6）检查尿液泵、熔融泵的备用情况，并用冷凝液冲洗泵体。

（六）解吸与水解系统

处理含氨工艺冷凝液的目的在于回收其中的 NH_3 和 CO_2（包括尿素中含有的 NH_3 和 CO_2），使其返回尿素合成系统做原料，而含微量 NH_3 和尿素的干净水则排放掉或另做它用（如锅炉水、循环冷却水的补充水等）。

以 Stamicarbon 高温水解流程为例，说明含氨工艺冷凝液的工艺处理过程。

1. 操作工艺

来自真空浓缩系统的工艺冷凝液（其中含有少量的 NH_3、CO_2 和尿素）汇集在氨水槽中，用给料泵将工艺冷凝液经流量调节阀送到解吸塔热交换器与第二解吸塔底出来的排放液互相换热，加热到115℃送入第一解吸塔的第三块塔板上。工艺冷凝液在塔内自上而下流动，与含 NH_3 和 CO_2 的第二解吸塔的解吸气及水解塔来的二次蒸汽逆流相遇，工艺冷凝液中的大部分 NH_3 和 CO_2 被加热解吸出来。解吸后的溶液从第一解吸塔底引出，经水解塔给料泵加压后与水解塔底部出来的水解液换热，加热到190℃以上，进入水解塔顶部塔板。第一解吸塔的液位由出液管上的调节阀自动控制。

在水解塔内，液体自上而下流动，而加热蒸汽由塔底送入提供水解反应所需热量。蒸汽量由流量调节阀阀位来控制。溶液与蒸汽逆流相遇，接触后产生的二次蒸汽由塔顶逸出进入第一解吸塔的第四块塔板（有些装置改造后，进气口位置有改变）。随液体温度上升，在1.81MPa压力和200℃下，尿素不断分解为 NH_3、CO_2。从塔底出来的水解液中尿素的含量在 5×10^{-6} 以下，利用其自身压力，送入水解塔换热器，将热量传热给第一解吸塔出来的解吸液后进入第二解吸塔。

液体在第二解吸塔内自上而下流动，与塔底引入的低压蒸汽逆流相遇，加入的蒸汽提供解吸所需的热量。蒸汽量由流量调节阀阀位来控制。解吸后的液体含 NH_3 和尿素均在 5×10^{-6} 以下，从塔底部排出，经第一解吸塔换热器和废水冷却器换热，温度降至50℃以下后，经第一解吸塔液位控制阀排入地沟或作为干净的脱盐水被其他用水设备使用。

从第一解吸塔出来的气体，进入回流冷凝器冷凝，冷凝液经回流泵后大部分送入低压甲铵冷凝器，一部分回流到第一解吸塔顶部作为回流液，用以控制顶部解吸气的组分。在回流冷凝器中没有冷凝的气体经压力调节阀进入常压吸收塔进一步回收 NH_3 和 CO_2，残余气体经排气筒排入大气。

2. 生产工艺条件

第一解吸塔   第二解吸塔

　　操作压力 0.3MPa（绝）　　　　　　　　操作温度（塔底）143℃

操作温度（塔顶 110~118℃）
塔顶出口气相含水<40%（质量）

排出废液组成
尿素 $<10\times10^{-6}$
$NH_3<10\times10^{-6}$

水解塔

操作压力　约 2.0MPa（绝）

操作温度 195~205℃

3. 工艺流程

工艺流程见图 4-25。

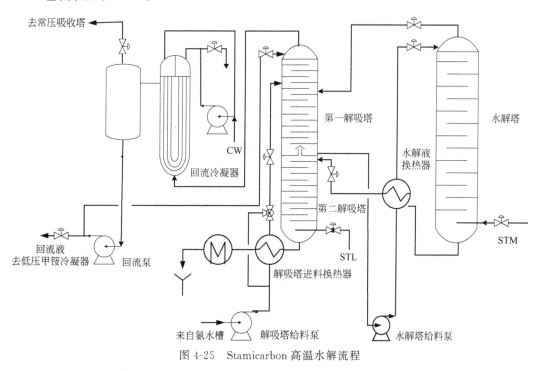

图 4-25　Stamicarbon 高温水解流程

4. 操作注意点

（1）对重要仪表经常与主控校对，及时发现问题。

（2）注意主框架内管道、阀门、设备的泄漏及振动情况，储槽液位、压力、温度指示是否正常。

（3）解吸操作的好坏，一个是废液中的氨含量是否在 5×10^{-6} 以下，另一个是回流冷凝器液位槽溶液的浓度是否达标。根据精馏原理，则要控制好第一、第二解吸塔的塔底、中部和气相温度。操作时，温度是由蒸汽直接加入塔底而提高的，如果塔底蒸汽加得不足，各层塔板温度下降，每块塔板上溶液中的氨含量升高，则塔底出液中的氨含量就会升高。

（4）水解塔要控制塔底、塔顶温差 10℃ 左右，改变塔底进入的 2.4MPa 的蒸汽量，则可维持其所要求的温度，即该压力下的沸点温度。操作要根据废液中尿素的残留量来检查温度、压力以及溶液在塔内的停留时间是否合适，必要时作相应的调整。

五、主要设备工作原理及控制指标

1. 合成塔

（1）合成塔工作原理　合成塔是一个长的立式高压反应器（见图4-26），反应混合物自下而上通过。在温度为 $180\sim186℃$ 和 $13.5\sim14.5MPa$ 压力下，将甲铵转化为尿素，转化率为 61% 左右，再从内部的溢流管离开。塔内的液面必须保持比溢流管口稍稍高一些，并用合成塔出口处的控制阀控制。反应混合物中的气体从塔的顶部离开。

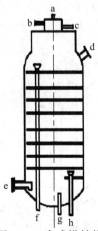

图 4-26　合成塔结构

a—液位测量口；b—蒸汽进口；c—冷凝液出口；d—反应气出口；e—气体进口；

f—合成混合物出口；g—甲铵液进口；h—合成混合物出口

尿素生成的反应式：$NH_4COONH_2 \Longrightarrow CO(NH_2)_2 + H_2O - 15.5kJ/mol$

合成塔的容积，需保证反应混合物有足够的停留时间，以达到所要求的转化率。停留时间约为 1h。合成塔顶部的出气中，除 NH_3 和 CO_2 外，还有 O_2、N_2、H_2 等惰性气体，它们是与 CO_2 一起加到反应系统中来的（约占 5.5%，其中 4.0% 是防腐用的空气，而 1.5% 是由 CO_2 从氨厂带来的杂质，主要是氢）。在合成塔顶部出口气相管上设有放空阀以便升温钝化时、合成塔超压时作放空、卸压用。

高压甲铵冷凝器来的气液相介质由 e 和 g 进入合成塔后，由下而上流动。随着甲铵生成尿素反应的进行，NH_3 和 CO_2 气体得以继续反应生成甲铵。反应放出的热量，一部分用来抵消生成尿素的吸热反应，多余的用于提高合成塔温度，因而合成塔的温度的趋势是由下而上逐渐升高。

合成塔顶部合成液的重度略高于底部，而顶部气相比底部为少，为防止上下溶液因重度和气相体积不同而产生的返混，塔内装有 12 块多孔隔板。

合成塔内液位，正常维持在出液溢流口上 $1\sim3.8m$ 间，液面用 γ 射线液位计测量。出液溢流口上装有涡流破碎器，防止产生旋涡把气体卷入，进入溢流管的合成液由 f 出，进气提塔。塔内未反应成液相的合成气，由塔顶 d 出，进高压洗涤器。合成塔壁装有 4 个测温点，供升温钝化及正常生产中检测壁温用。为检查不锈钢衬里是否泄漏，每节衬里均装有检漏孔，当检漏孔中有 NH_3 和 CO_2 及其反应物漏出时，说明衬里有泄漏，应停车检修，以避免高压容器腐蚀。

（2）合成塔控制指标

①合成塔液位控制在指标范围内 $20\%\sim95\%$。

②合成塔压力控制在指标范围内 $\leqslant14.6MPa$，当合成系统超压严重时必须作停车

处理。

③合成塔液相温度控制在指标范围内 180～185℃。

④合成塔气相温度控制在指标范围内 180～185℃。

⑤合成塔液相中 NH_3/CO_2 控制在指标范围内 2.8～3.2（物质的量），有利于提高合成系统的转化率。

2. 气提塔

气提塔是一个直立管壳式加热器（见图 4-27），反应混合物在 180～186℃下进入，向下流入管束并以液膜状态沿管壁往下流，然后在 165～175℃下从底部离开。CO_2 从底部进入，将溶液中的 NH_3 和 CO_2 赶出，但不可能全部赶出，因为在气提塔中所供应热量受下列条件的限制：与工艺液体相接触的管子的温度不能高于 200℃，否则会发生严重腐蚀，这就对蒸汽侧与工艺侧的温度提出了限制。总的热交换面也有限制，因为过多的管子将造成液体分布不均匀而使气提效率降低，而过长的管子使液体停留时间过长，会使缩二脲生成及尿素水解反应加剧。实际上约有 85% 的 NH_3 及 75% 的 CO_2 从反应混合物中被气提出来，同时也有一些水蒸发出来。出口液体含有 NH_3 6.0%～8.0%（质量分数）。气提塔顶部出气要送入高压甲铵冷凝器的顶部，所以气提塔的压力应比高压甲铵冷凝器略高一些。气提塔所用的饱和蒸汽压力为 2.0MPa。离开气提塔底部的工艺液体，由一个用液面减压阀控制使气提塔的底部保持一定的液位，以防 CO_2 随同液体排出。

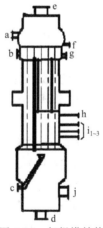

图 4-27　气提塔结构

a—反应液进口；b—蒸汽进口；c—CO_2 进口；d—尿素液进口；e—气提气出口；f—放空口；
g—爆破膜接口；h—不凝气出口；$i_{1\sim3}$—冷凝液出口；j—液位计接口

（1）气提塔工作原理　压缩机来的二氧化碳，由底部 c 进入，通过喇叭形的下分布器进入气提塔内，和合成液液膜逆流接触，气提分解后通过升气管和限流孔板，由 e 出塔去高压甲铵冷器。

合成塔来的合成液由 a 进，经液体分布器均匀分布于各管成液膜状流下，到塔底后由 d 出塔去低压分解塔，塔底由液面计控制液位，防止二氧化碳气体由 d 排出。

加热用的饱和蒸汽由 b 进入加热室，蒸汽冷凝液由 i 排出，蒸汽中的不冷凝气体，连续地由 h 排出，加热室上方装有爆破板 g。当气提管因故破裂，高压气漏出而使加热室压力超高时，爆破板将爆破泄压，以保护加热室不使压力过高。

（2）气提塔控制指标

①气提塔液位控制在指标范围内 40%～95%。

②气提塔出液温度控制在指标范围内≤175℃。当气提塔长时间严重超温时，必须作停车处理。

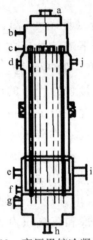

图 4-28　高压甲铵冷凝器结构

a—甲铵液进口；b—气提气进口；c—排气口；d—爆破膜接口；e—进冷凝液口；
f—排液口；g—气体出口；h—出甲胺液口；i—蒸汽进口；j—出蒸汽口

3. 高压甲铵冷凝器

（1）高压甲铵冷凝器工作原理　气提气由顶部 b 进（见图 4-28），由高压液氨喷射泵送来的液氨和甲铵液混合液从 a 进入，以上气液两种混合液经分布器后进入冷凝管，在管内气相的氨和二氧化碳反应生成甲铵，反应放出的热量传给壳侧热水，产生低压蒸汽。

壳侧热水由下部 e 进，汽水混合物从上部 j 出，在低压汽包内经气液分离后，蒸汽送入低压蒸汽系统，液体由汽包返回热水进口。

冷凝反应生成的甲铵及部分未反应的氨和二氧化碳分别经下部 g、h 出，进合成塔。

甲铵冷凝率取决于热量的移出，热量移出多，甲铵冷凝率高。热量移出多少，可用副产蒸汽压力调节。甲铵冷凝率控制在 80% 左右，留一部分未冷凝的 NH_3 和 CO_2 进入合成塔的目的，是为了维持合成塔的热平衡。

下部 i 为蒸汽补入口，当合成塔短停封塔时，需由此补入蒸汽，以维持汽包压力，保持冷凝器内甲铵液温度。同时可使壳侧热水循环运动，防止局部温度降低。在正常生产时，少量补入蒸汽可以提高传热效率。从传热过程分析看，管内甲铵液温度上部略高于下部。因上部甲铵液中含水量较下部高。而在壳侧，由于静液位引起沸点升高，下部水温略高于上部，因而刚进壳侧的热水不处于沸腾状态。在未沸腾区内，传热效率很低。补入蒸汽，能加速进入沸腾状态提高传热效率。

（2）高压甲铵冷凝器控制指标

①高压甲铵冷凝器出液温度控制在 169～172℃。

②高压甲铵冷凝器壳侧的汽包压力控制必须与负荷相对应，这样有利于提高合成塔的转化率。

六、产品的质量指标

尿素产品质量的规定见表 4-24。

表 4-24　农用尿素检验标准（GB 2440—2001）

尿素	检验标准			
检验项目名称	优等品	一等品	合格品	次品
含氮量/%	≥46.4	≥46.2	≥46.0	<46
缩二脲/%	≤0.9	≤1.0	≤1.5	>1.5
水分/%	≤0.4	≤0.5	≤1.0	>1.0
粒度(0.85~2.8mm)/%	≥93	≥90	≥90	<90
外观	白色或浅色颗粒			

七、异常现象、原因及处理方法

（1）压缩工序　见表 4-25。

表 4-25　压缩工序异常现象及处理方法

异常情况	原因	处理方法
一段入口温度高	变脱来温度高	(1)联系变脱处理 (2)通知水处理加大冷却水量
各段入口温度高	(1)进口活门漏 (2)活门顶丝松 (3)冷却水温度流量不够 (4)水冷器冷却水倒积气 (5)管子结垢	(1)再换进口活门 (2)缸压紧顶丝 (3)联系水处理调温度及水流量。上水回压力 (4)排气 (5)停车除垢
缸内有响声	(1)缸口冷却不良缺油造成干磨 (2)活塞环断活门散架 (3)其他金属进入气缸	(1)加强冷却水和润滑油 (2)停车处理
出口压力降低	(1)活门漏 (2)进口温度高	(1)停车换活门 (2)调节冷却水量
十字头动且有不正常响声	十字头磨损	停车处理
循环油压太低	(1)过滤器阻力大油太脏 (2)油温度高 (3)溢流阀开度过大	(1)换清油、过滤器 (2)开动油冷器、调节油温 (3)处理溢流阀
电流过高	(1)超负荷 (2)电压低 (3)各段阻力太大 (4)入口活门漏、出口压力高	(1)减负荷 (2)联系调度处理 (3)停车处理 (4)停车处理、联系主控处理
电机温度高	(1)超负荷 (2)气温高 (3)超电流 (4)风叶断	(1)适量减负荷 (2)加大风量 (3)减负荷 (4)停车处理
气缸异常响声	带水液击	紧急停车处理

（2）合成工序　见表 4-26。

表 4-26　合成工序异常现象及处理方法

名称	异常现象	原因	处理
合成塔内 CO_2 倒流	(1)高压系统压力突然上升 (2)高甲冷产气停止或大幅度下降 (3)合成塔出液温度突降 (4)高甲冷出液温度突降 (5)高洗器热负荷减少 (6)高调水回水温度高,调水上水温度温差下降 (7)投料过程中发生倒流,合成塔长时间不显示液位 (8)生产过程中发生倒流,因合成塔抽空使气提塔负荷突降,造成进高压气包蒸汽流量急骤下降,高压气包压力突升	(1)合成塔溢流管内液封未保持 (2)合成塔液位调节阀仪表故障全开或泄漏太大 (3)正常生产时,合成塔液位抽空未能及时关	(1)投料过料中应保持液封 (2)及时向溢流管加水 (3)视情况及时退出 CO_2
停车后合成塔倒液	(1)气提塔液位调阀开到最大 (2)气提塔满液,液位排不下来; (3)高压气包压力未及时降低,气提出液温度有可能超温 (4)合成塔出液升高	(1)停车后未排完合成塔溢流管上部液体后就停 CO_2 (2)停 CO_2 前未及时将阀门关闭和提高低压气包的压力	(1)停止送 NH_3 后,当合成塔液位无液后指示 5min 后再停 CO_2 (2)气提塔低液位时立即关闭 (3)停 CO_2 前将压力提高到 0.55MPa (4)停 CO_2 前高压洗涤器出口气体放空阀全开
气提塔出液温度超高	(1)气提塔出液温度在 175℃ 以上 (2)气提效率逐渐下降,循环负荷加重	(1)气提塔满液 (2) H_2O/CO_2 过高 (3)气提塔气液比低 (4)高压气包压力过高 (5)气提塔液位调节阀失灵 (6)气提塔向循环系统窜气 (7)气提塔气液分布的小孔被堵塞 (8) CO_2 气体温度高	(1)投料前排尽气提塔液位,出料前再次检查 E204 液位 (2)合成塔液位调节阀调节不可太猛 (3) H_2O/CO_2 过高应尽快降低 (4)气提塔气液比低应检查五段安全阀、进气提塔 CO_2 放空阀、气提塔液位调节阀是否严重漏气
高压气提塔泄漏	(1)蒸汽冷凝液电导升高 (2)1.9MPa 蒸汽夹带 NH_3 (3)冷凝液有大量 NH_3、CO_2 并伴有尿素	由于列管或花板腐蚀及焊缝腐蚀破裂	停车检修
高压甲铵冷凝器泄漏	蒸汽冷凝液电导超标,经分析有 NH_3、CO_2,0.4MPa 蒸汽管网蒸汽夹带有 NH_3、CO_2,严重时还伴有甲铵液	有列管腐蚀或管板焊缝腐蚀	停车检修
高洗器防爆板破	(1)如装置开车时,发生高洗器爆炸,则高洗器的高调水回水温度/高调水上水温度无温差 (2)合成系统压力严重超压,高洗器下液温度下降	(1)脱 H_2 系统不正常,CO_2 中 H_2 含量高,尾气成分进入爆炸极限 (2)停车封塔期间 TR-63560 不能低于 125℃,否则容易引起高压甲铵冷凝器列管堵塞,防爆板内外形成压差	停车检修
低甲冷液位槽压力超压	(1)低甲冷液位槽压力慢慢上升超过 0.25MPa (2)甲铵泵打量不好 (3)放空筒放空气量加大	(1)合成转化率低 (2)精馏塔气相加解吸加水太少 (3)低调水上水温度控制过低致使低甲冷内部结晶 (4)甲铵泵跳车 (5)低甲冷液位槽内 NH_3/CO_2 过高或过低 (6)低甲冷液位槽压力仪表失灵	根据不同情况找出原因

续表

名称	异常现象	原因	处理
合成塔超压	合成系统压力突升	（1）NH_3/CO_2、H_2O/CO_2 不正常 （2）高洗器出口气体调节阀阀后堵 （3）合成塔断料后 CO_2 倒流	（1）调整 NH_3/CO_2、H_2O/CO_2、调节阀适当开大 （2）疏通阀后 （3）注意溢流管必须加水充液处理，无效停车检查
冷凝液出界区电导超标	冷凝液有氨和二氧化碳并伴有尿素	气提塔、高压甲铵冷凝器、高压洗涤器、高压冲洗水阀门、循环加热器、一段蒸发加热器、熔融尿素泵蒸汽夹套等地方泄漏	逐个设备检查，查漏后停车处理

（3）蒸发和造粒工序　见表4-27。

表 4-27　蒸发和造粒工序异常现象及处理方法

异常情况	原因	处理方法
一二段蒸发温度突降	（1）系统负荷增加太快或太大 （2）真空度提得太高 （3）蒸汽调节阀失灵 （4）冲洗水阀未关或有冷凝液漏进去 （5）尿液进口加冷凝液阀未关	（1）减少系统负荷 （2）开车时缓慢提真空 （3）联系仪表调整 （4）检查冲洗水阀及加冷凝液阀
造粒拉稀	（1）尿液真空度太低 （2）二段蒸发尿液浓度低 （3）造粒器跳车	（1）提高一二段真空度和温度 （2）检查冲洗水阀及加冷凝液阀 （3）倒换造粒器及联系电气
尿素成品含水量过高	（1）熔融泵进口加套尿素管线焊缝泄漏 （2）喷头预热蒸汽未关 （3）一二段加热器列管漏 （4）一二段蒸发温度压力控制过低	（1）停蒸发系统处理 （2）检查预热蒸汽 （3）停车检修 （4）调节蒸发温度在工艺指标
缩二脲过高	（1）加热时间长 （2）加热温度过高	（1）缩短停留时间 （2）调节好一二段温度在正常值
上塔管线堵	（1）尿液浓度低,残余的 NH_3、CO_2 量大,增加了蒸发负荷 （2）合成转化率不高,循环负荷大 （3）设备管线及法兰漏	（1）调整合成系统的转化率 （2）停蒸发系统检修
尿素颜色发红或发黄	（1）CO_2 中 H_2S 高 （2）高压系统氧含量过低 （3）尿素中含 NH_3 高	（1）降低 CO_2 中的 H_2S （2）提高高压系统的氧含量 （3）调整系统
造粒塔黏塔	（1）喷头溢料 （2）尿液浓度过低 （3）造粒塔通风太少 （4）尿液中缩二脲含量太高	（1）检查喷头 （2）提高尿液浓度 （3）开风机加大通风量 （4）降低尿液中的缩二脲含量 （5）用水冲洗造粒塔塔壁

（4）高压泵不正常现象处理　见表4-28。

表 4-28　高压泵异常现象及处理方法

故障	原因	排除方法
无液排出,压力表指针急速摆动,出液量不足	(1)泵没有注入液 (2)泵的吸入压头不足 (3)吸入管内有异物堵塞或管径太小 (4)进口过滤器堵塞 (5)泵的进、排液阀泄漏或卡涩 (6)进、排液处密封圈或锥形密封面泄漏	(1)把液注入泵 (2)增加泵进口吸入压力 (3)清除管内的障碍物或放大吸入直径 (4)清除过滤器滤网 (5)更换进、排液阀 (6)更换密封圈或修复锥形密封面
排除压力低	(1)进、排液阀泄漏,副线阀内漏 (2)泵的送液量不足,进口压力低 (3)介质温度过高,产生汽化	(1)更换进、排液阀 (2)增加供液量,增加进口压力 (3)排泵内气体,避免汽化
液力端有不定时、不均匀的冲击声响	(1)进排液阀启闭受阻 (2)进排液阀弹簧断裂	(1)消除阀芯运动的阻碍 (2)更换弹簧
泵的进排液管道振动剧烈	(1)进排液阀工作不正常,出液量不均匀 (2)管线内有气体,泵体介质汽化 (3)进排液管支撑点不当 (4)进排液管管径太小,造成流速过小	(1)排除进排液阀故障 (2)排除气体 (3)变换或加固管道支撑点位置 (4)放大管径
柱塞密封处泄漏严重	(1)填料压紧量不足 (2)填料(或成型密封圈损坏) (3)柱塞表面拉毛	(1)调整压紧量 (2)更换填料(或成型密封圈) (3)更换柱塞
柱塞温度过高,填料密封损坏	(1)填料压得太紧 (2)密封水中断	(1)减少压紧量 (2)恢复密封水
甲铵泵泵体发生异响,泵出口压力波动或下降,出口流量下降,泵体和管道振动剧烈,进口压力上升电流波动	(1)进口甲铵液温度高引起汽化 (2)进口甲铵液组分失调,浓度高引起汽化 (3)进口甲铵液压力低引起汽化 (4)进口阀芯脱落或过滤器堵 (5)低甲液位槽抽空	(1)联系主控处理 (2)联系维修工处理 (3)冲洗过滤器 (4)提高进口压力 (5)入口加冷凝液
润滑油耗量过大	油冷器泄漏	检修油冷器

(5) 离心泵不正常现象处理　见表 4-29。

表 4-29　离心泵异常现象及处理方法

故障	原因	排除方法
泵不吸水,压力表指针剧烈摆动	(1)注入泵的液体不够 (2)过滤器滤网堵 (3)泵体内有气体	(1)增加进液量,开大进口阀 (2)清洗过滤器 (3)排除泵体内气体
离心泵消耗的功率过大	(1)叶轮磨损 (2)泵供液量增加	(1)更换叶轮 (2)调整流量
轴封泄漏大	(1)填料磨损 (2)轴套磨损 (3)机械密封磨损 (4)填料磨损	(1)更换填料 (2)更换轴套 (3)更换机械密封 (4)压紧填料
离心泵在工作过程中出现不正常的声音,流量降低,直到不打量	(1)阀门开得过大 (2)吸水管阻力过大 (3)吸水高度过大 (4)在吸液管段有空气渗入 (5)所输送液体温度过高 (6)过滤网堵	(1)降低流量 (2)检查吸入管道,检查底阀 (3)减小吸水高度 (4)拧紧或堵塞漏气处 (5)降低液体温度 (6)清洗过滤器

续表

故障	原因	排除方法
轴承过热	(1)开泵前没有排气 (2)脏物和水进入轴承 (3)轴承压盖太紧	(1)注油或换油 (2)清洗轴承或更换润滑油 (3)轴承盖适当加纸垫
离心泵打量不好	(1)开泵前没有做好排气 (2)进口温度介质温度过高汽化 (3)检修质量不好	(1)及时排气 (2)补加脱盐水或管外浇冷却水 (3)重新更换
冲洗水泵在冲洗过程中跳车	(1)在切换冲洗点时操作不当或失误 (2)冲洗点结晶堵塞 (3)单向阀、电气故障	(1)加强协作配合 (2)清洗吹堵 (3)联系检修

八、主要设备的维护保养与使用

四台高压设备均为低碳钢或超低碳钢制造，所以要求严格维护和保养，维护的好坏对设备的长期运行有着至关重要的作用。

（1）进入高压设备的蒸汽、脱盐水要合格，Cl^- 含量 $\leqslant 25mg/L$。

（2）各种安全装置必须灵敏好用，压力表、安全阀、爆破板等的切断阀严禁随便关闭。

（3）安全阀、压力表应定期检验，保证灵敏，操作中要经常注意温度、压力的指示情况，防止堵塞、损坏造成虚假。

（4）高压部分4台设备、管道应定期作防腐测厚检查。易结晶管道必须保证良好保温，冬季停车检修应排尽设备、管道内的积水，防止冻坏设备。

（5）高压管道应有牢固的管固定，如发现松动，应及时处理。

（6）停车降温时，必须用空气等惰性气体置换，遵循降温速率，禁止使用水等液体强制性降温。

（7）四大塔开塔检修时，必须待温度降至100℃以下时，方可开启大盖或人孔，防止高压容器造成无约束的变形。

（8）升温时要按操作规程中的升温速率操作，防止内套变形。

（9）检修设备时，严禁将铁、铝、铅等活泼金属带入塔内，要求在进入塔前，将钥匙、眼镜等摘下，穿戴工作衣、软底胶鞋进入，检修时不得碰、划伤塔内壁。

（10）操作中严禁超温、超压，系统 O_2 含量应严格控制在 $0.6\%\sim0.8\%$ 之间，以防氧含量超高，造成爆炸的事故；过低加剧设备的腐蚀。

（11）正常运行中，一旦发现 Ni 含量超标或呈上升趋势，应立即查明原因，否则停车检修。

（12）实现合成塔、气提塔、高洗器、高甲冷的在线检漏，发现泄漏，应立即停车检修，不应以任何借口拖延，以防事故扩大。

（13）严格控制 CO_2 压缩机的注油量，防止过多的油污带入系统。控制好二氧化碳压缩机工段的脱氢装置，防止 H_2 带入系统造成设备腐蚀加剧或爆炸。

九、"三废"排放点、控制指标及废液超标处理

1. 环境控制

尿素生产过程中"三废"排放及其控制措施见表 4-30。

表 4-30　"三废"排放控制指标

序号	名称	环境因素	危害影响	控制措施
1	废水	解吸废液、气提塔、高压甲铵冷凝器排氯离子、循环水返洗	污染水体腐蚀设备	管理:每班平衡好氨水,开好解吸和水解,做到提前预防;保证废液合格排放。排氯离子,保证每班排两次 技术:控制好源头水质,尿素解吸废液氨含量≤0.07%,从技术上解决好源头水质问题能够减少排水量 处理:将排污水送往后工段进行综合利用,不随意排放
2	废气	系统停车泄压置换,尿素放空总管废气排放。成分:NH_3、H_2、N_2、O_2、CO_2、NH_4	污染大气人员中毒	管理:稳定生产,减少放空量;开停车按开停车方案进行,减少排放量,放空时,将便携式检测仪随身带上,检测仪报警时降低放空气量 技术:尽可能对气体进行回收处理 处理:离地面 65m 高位放空,缓慢排放,控制周围环境中的 NH_3 含量小于 $30mg/m^3$
3	油水	泵的密封水	污染水质	管理:每班检查泵的漏油情况,根据废油回收制度与排污制度进行操作 技术:将油排污进行回收,实现零排放 处理:当有油泄漏时,要用盆、桶等接油进行回收,当地面上有油污时,要立即用煤渣或沙土清扫干净
4	噪声	系统安全阀跳、泵运转的声音、管道物料流动的声音、雾化风机和流化风机运转的声音	影响健康听力受损	管理:严格执行工艺指标,保证生产平稳,减少停车次数,严格按降压速率进行泄压 技术:让运转设备的运转部件达到最佳的配合,减少振动 处理:降低泄压速率,减小噪声

2. 废液超标处理

(1) 生产中如果发生解吸波动或解吸指标不达标,废液超标时,先通知现场人员迅速将废液排放转至氨水槽,防止不合格废液外流影响总排口,并将废液外送停下。

(2) 迅速减解吸量,调节系统,进行处理,同时分析波动原因;是氨水槽浓度,或是解吸的气液比不合适,或是蒸汽压力、品质原因引起的解吸波动,要找准原因。解吸减量时,根据原因调整气液比(适当多加一些蒸汽),使解吸快速恢复稳定,温度达标。

(3) 解吸系统减量后,进水解塔的物料就会减少,因此水解塔的出液阀也应该调节关小;若是蒸汽压力、品质的问题,可少量窜入部分中压蒸汽,辅助调节;也可适当降解吸压力,先恢复解吸系统稳定。

(4) 一般情况下氨水槽中的氨水浓度就会降低,调节好气液比,解吸温度就会上升达标;系统稳定后,慢慢恢复压力到指标;待温度升到工艺指标内以后,通知分析再做废液中的氨含量,如果合格就将废液重新排放和外送,慢慢加解吸量;如不合格则打入事故槽内。

第五章 基本有机化工产品生产实习

实习一　甲醇生产实习

【实习任务与要求】

（1）掌握甲醇的生产工艺及原理，熟悉工艺流程图。

（2）初步掌握各主要岗位的工艺操作要点及控制指标。

（3）学会处理生产过程中异常现象的分析及处理方法。

（4）掌握安全生产注意事项，熟悉环境治理的方法。

一、产品概况

在合成氨工厂中甲醇不是主要产品，它只是在净化原料气中产出的副产品，甲醇工段处于合成前工段，变换后工段。起到净化原料气中 CO、CO_2 的作用。目前国内合成氨厂大多是用联醇与甲烷化系统来代替精炼，由于精炼消耗大，操作不便，不利于环境保护。逐渐被联醇与甲烷化所取代。这套系统的特点是净化程度高，污染小，可将 CO、CO_2 含量降低到 $<40\times10^{-6}$，不仅可以净化原料气，还可以得到有经济价值的甲醇。世界各国的甲醇生产主要以天然气为原料，我国甲醇生产主要以煤为主要原料，产业结构不尽合理，装置规模偏小，企业数目过多，原料路线和工艺技术五花八门。

以煤或天然气为原料生产甲醇，再以甲醇为原料生产乙烯、丙烯等低碳烯烃的生产工艺技术，简称 MTP/MTO。煤基甲醇制烯烃项目的实施，可有效缓解我国石脑油的不足和低碳烯烃对国际市场的依赖程度。

（1）甲醇的物理性质　甲醇原名木精醇，无色澄清液体，有刺激性气味。

（2）甲醇的化学性质　甲醇分子式由甲基和羟基组成，具有醇所具有的化学性质。甲醇可以与氟、氧等气体发生反应，还可以发生氨化反应。

（3）甲醇的主要用途　甲醇在工业生产中有重要作用，用途广泛，是基础的有机化工原料和优质燃料，可以用来生产甲醛、合成橡胶、甲胺、对苯二甲酸二甲酯。

二、生产工艺原理

1. 主反应

CO（g）+2H$_2$（g）===CH$_3$OH（g）+Q

CO$_2$（g）+3H$_2$（g）===CH$_3$OH（g）+H$_2$O+Q

2. 副反应

$$2CO+4H_2\rightleftharpoons CH_3OCH_3+H_2O+Q$$
$$CO+3H_2\rightleftharpoons CH_4+H_2O+Q$$
$$4CO+8H_2\rightleftharpoons C_4H_9OH+3H_2O+Q$$
$$CO_2+H_2\rightleftharpoons CO+H_2O-Q$$

三、生产工艺流程

低压甲醇的生产工艺流程见图 5-1。

1. 气体流程

原料气（脱碳气）压缩机四段送来的温度≤40℃，压力≤5.5MPa 的新鲜气进入补气油分 S1800，分离气体中的油水杂质后进入循环气油分 S1801，与循环机来的循环气混合后进入循环油分，再次分离气体中油水，然后去预热器 E1801A/B 管间，与管内出合成塔气换热后，由合成塔 R1801 底部进入合成塔环隙，横向通过装有铜基催化剂的催化剂层和中心管进行反应，在催化剂的作用下 H_2、CO、CO_2 发生合成反应生成甲醇，并伴有微量的副反应。反应后的气体经中心管从反应器底部出来，进入热交换器 V1801 管内，与管间气体换热后被降至 90℃ 以下。在此，有少量的甲醇气体冷凝，然后进入蒸发式冷凝器的管内，被从上到下喷淋的冷脱盐水冷却至 40℃ 以下后进入甲醇分离器 S1802-1 分离甲醇。从甲醇分离器底部排出的粗甲醇，在此减压送至甲醇中间槽 S1802C。分离甲醇后气体从分离器顶部出来，一部分经过循环机 C1801 加压后进入循环气油分重复利用，大部分从甲醇洗涤塔 S1802B 中部进入，和从甲醇洗涤塔上部来的脱盐水在填料层逆流接触，气体中少量的甲醇被吸收，吸收少量甲醇的淡醇经减压后进入淡醇槽或外送精醇岗位。经过甲醇洗涤塔洗去残余甲醇后的气体经过排管冷却器内管，与通过外管一次水换热进一步冷却后进入甲醇分离器 S1802-2，将气体内淡醇与水等杂质分离后进入高压机一进，一小部分从醇分离器 S1802-2 顶部出来的气体经过增压机加压后直接进入醇化装置进口。另外系统设有一条近路，在换催化剂或系统故障检修期间可以将该装置与生产系统隔离。

2. 蒸汽、水流程

由脱盐水岗位送来的压力约为 4.0MPa 的给水经加水自调阀调节流量后进入汽包 V1801 内，再由汽包下降管流至合成塔上封头，从上封头再进入合成塔内列管，在吸收反应产生热量后产生蒸汽进入合成塔汽室，再经汽包上升管进入汽包顶部，再送至 1.3MPa 或 2.5MPa 蒸汽管网，在汽包上升管中设置热水泵，在热水循环不畅时开泵增加水循环。另有一股 3.0MPa 蒸汽送至汽包内，供升温时使用。

3. 甲醇、淡醇流程

由醇分离器分离的甲醇送至甲醇中间槽，然后由甲醇中间槽送至二甲醚岗位或氮肥厂精醇岗位；由醇洗塔处来的淡醇经减压送至氮肥厂精醇岗位。

四、甲醇生产操作要点

1. 醇洗泵停车步骤

（1）关泵出口数圈，使泵出口压力稍高于系统压力。

（2）按"停止"按钮停泵，关死泵出口阀。

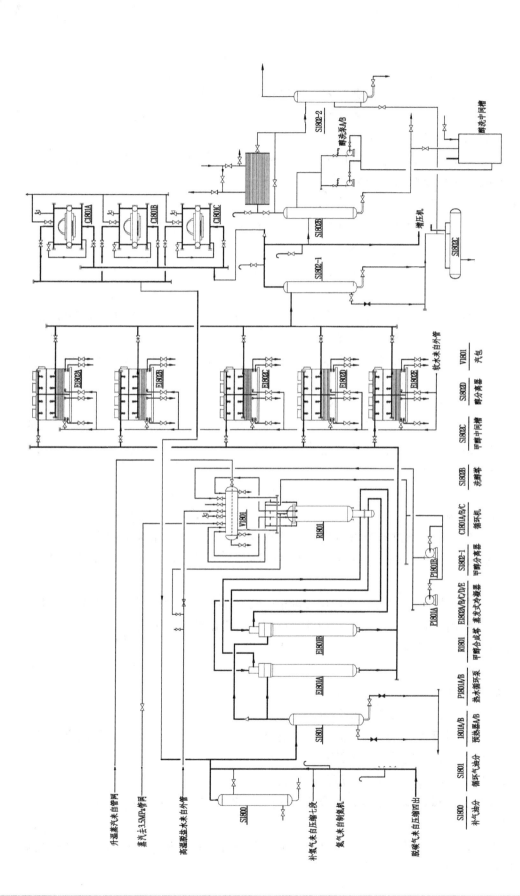

图 5-1　2 号低压甲醇工艺流程图

S1800	补气水自压缩回出		
S1801	循环气油分	C1801A/B/C	循环机
I801A/B	预热器A/B	S1802-1	甲醇分离器
P1801A/B	热水循环泵	E1802A/B/C/D/E	蒸发式冷凝器
R1801	甲醇合成塔	S1802-1	甲醇分离器
E1801A/B	甲醇合成塔	S1802B	洗醇塔
C1801A/B/C	循环机	S1802C	甲醇中间槽
S1802-1	甲醇分离器	S1802D	醇分离器
S1802C	甲醇中间槽	V1801	汽包

2. 醇洗泵开车步骤

(1) 检查油位合格。

(2) 检查阀门开关情况：进口阀、排气阀开，出口阀关。

(3) 盘车数圈，确保无卡涩现象。

(4) 启动泵空转，检查泵响声、温度是否正常。

(5) 关小排气阀，待泵出口压力达到系统压力时，开出口阀，关死排气阀。

(6) 再次检查泵的运转情况，确认正常。

3. 醇洗泵倒泵步骤

醇洗泵倒泵按正常开泵步骤开启备用泵，按正常步骤停在用泵。

4. 巡回检查内容、路线、频率

(1) 巡回检查路线　操作室→2号醇分离器→蒸发式水冷器→循环机→增压机→系统进口阀→醇洗泵→加碱泵→中间槽→合成塔、汽包→油分离器→操作室。

(2) 内容　按照规定的巡检路线，认真检查本岗位的设备运行状况，特别是运转泵、自调、液位、倒淋等运行情况。

(3) 频率　每两小时对蒸发式水冷器巡检一次。每四小时对合成塔平台和汽包巡检一次。其他设备每小时巡检一次。

5. 催化剂温度控制

通过调节汽包压力，循环量，以及联系调度调节 CO、CO_2 负荷等手段精心控制催化剂温度在指标内，保证催化剂不超温、不跨温。

6. 气汽压差控制

通过调节汽包压力，联系调度调节系统负荷的手段精心控制气汽压差<3.5MPa。

7. 液位控制

(1) 汽包液位　通过调节汽包进水量严格控制汽包液位在指标范围内。

(2) 醇分液位　通过醇分离器自调阀精心调节醇分离器液位，使其控制在规定的指标内。

(3) 醇洗液位控制　通过醇洗液位自调精心调节醇洗液位，使其控制在规定的指标内。

(4) 甲醇中间槽液位控制　通过中间槽放醇自调精心调节中间槽液位在规定的指标内。

8. 循环机开、停操作

(1) 开机

①联系调度；

②联系电工检查电气部分并合闸；

③检查各阀门状态：进出口阀门关，近路、冷却水进出口阀门开，气温高时油路冷却水进出口打开，检查烘灯是否拆除；

④开启油泵和风机，观察油压是否正常；

⑤打开放空阀，泄尽压力，将盘车手柄放置于盘车位，并开启盘车按钮进行盘车3~5圈；

⑥停止盘车，关闭放空阀，将盘车手柄放置于开车位，按储能按钮，储能灯亮后启动主机；

⑦待励磁电流稳定后，缓慢开启进口阀，待循环机压力与系统压力持平后，全开进出口阀，然后逐步关闭近路阀；

⑧检查运行情况，并在操作室将另一台油泵设置为备泵。

（2）停机

①打开近路阀，关死进出口阀；

②按循环机停止按钮；

③在操作室将油泵都设置成主泵，然后停油泵，停风机；

④开放空阀泄压，关闭冷却水进出口阀，如需检修联系电工断电。

（3）倒机

①先按正常步骤将备机开启。

②逐步关小备机内近路。

③当内近路关到一半以后，迅速将要停的循环机正常停下。

④迅速将备机内近路关死。

9. 增压机开、停操作

（1）开机

①联系调度、醇化岗位，确保醇化处增压机出口流程畅通。

②联系电工检查并合闸。

吹醇：出口阀关闭，开放空阀、近路阀，略开进口阀，使进口管道内甲醇通过放空管道排出，然后关近路阀，使机体内甲醇通过放空阀排出，确保进口管道及增压机机体内无液态甲醇。

检查各阀门状态：进出口阀门关，近路阀开，将增压机内压力泄尽后关放空阀，冷却水进出口阀门开；检查增压机油位、油质是否正常，烘灯是否拆除。

③盘车数圈，确保无卡涩现象。

④启动油泵，按储能按钮，储能灯亮后启动主机，检查油泵油压。

⑤待励磁电流稳定后，打开进口阀，关小近路阀，待出口压力与醇化压力接近时全开出口阀，关死近路阀。

⑥检查增压机运行情况，确认正常。

（2）停机

①与调度、醇化岗位联系。

②全开增压机近路阀，关出口阀。

③按停止按钮停增压机。

④关增压机进口阀。

⑤开放空阀泄尽压力，关闭冷却水进出口阀，如需检修则联系电工断电。

10. 蒸发式水冷器开启步骤

（1）将水池水补满。

（2）开启水泵。

（3）启动风机。

（4）最后开启进出口气体阀门。

11. 蒸发式水冷器清洗步骤

(1) 联系调度，将蒸发式水冷器切除：关进、出口气体阀门。

(2) 停风机和水泵，并联系断电。

(3) 关闭水池补水阀门。

(4) 打开水池排污阀门，排尽水池内的水。

(5) 进入水池内进行清扫。

(6) 清扫完后补满水。

12. 排管反洗步骤

(1) 与调度、除盐水岗位联系。

(2) 关死排管冷却水进、出口阀。

(3) 打开排管反洗阀、冷却水近路阀。

(4) 待出水清澈后关反洗阀、冷却水近路阀。

(5) 打开排管冷却水进、出口阀。

五、工艺条件

主要工艺指标如下。

(1) 压力及压差 系统入口压力≤5.5 MPa；气汽压差≤3.5MPa；升降压速率≤0.1MPa/min；放醇压力≤0.6 MPa；汽包给水压力 3.0～5.0MPa；汽包蒸汽压力 1.3～2.6MPa；中间槽压力 0.2～0.6MPa。

(2) 温度 合成塔出口温度 210～250℃；水冷后温度≤40℃；升、降温速率＜15℃/h。

(3) 液位 醇分液位 30%～60%；醇洗塔液位 30%～60%；汽包液位 50%～70%；中间槽液位 30%～70%。

(4) 水质成分 汽包水：pH 值 8～10，ρ（Cl⁻）≤0.5 mg/L；锅炉给水总固体含量≤200mg/L。

六、异常工况及处理方法

甲醇生产过程中的异常情况及处理方法见表5-1。

表 5-1 甲醇生产异常情况及处理方法

序号	异常工况	原因	处理方法
1	系统阻力大	(1)循环量过大 (2)仪表失灵。催化剂粉化 (3)系统结蜡 (4)醇洗、醇分、油分液位高 (5)阀板脱落或开度过小	(1)减小循环量或降低负荷 (2)通知仪表检修 (3)维持生产待机更换催化剂或维持生产停车时清除 (4)控制液位在指标内 (5)停车更换阀门，检查阀门开度
2	合成塔进口醇含量高反应差	(1)合成塔进口醇含量高 (2)CO、CO₂ 含量低 (3)系统负荷大 (4)催化剂中毒反应差 (5)操作不当,催化剂跨温 (6)高、低压机气量搭配不当	(1)提高分离效果,降低合成塔进口醇含量 (2)联系调度,调节 CO、CO₂ (3)降低负荷 (4)降低负荷,待反应转好后,再加量 (5)调整操作条件,提高塔温 (6)联系调度控制好进出系统气量

序号	异常工况	原因	处理方法
3	催化剂层温度下降	(1)补气量突然减小 (2)循环量过大 (3)液体甲醇带入催化剂床层 (4)汽包压力控制过低 (5)新鲜气中的CO含量下降 (6)催化剂中毒 (7)仪表测温点失灵	(1)联系调度调整气量或者减循环量 (2)调整循环量 (3)适当开大放醇阀消除带液 (4)适当提高汽包压力来稳定温度 (5)联系调度,适当提高进口CO含量 (6)严格控制原料气体质量 (7)联系仪表处理
4	催化剂层温度上升	(1)循环量小 (2)新鲜气量增加过快 (3)新鲜气中CO含量高 (4)汽包压力升高	(1)增加循环量 (2)减少新鲜气量 (3)联系调度降CO含量 (4)调节汽包压力
5	汽包液位下降	(1)锅炉给水量小,压力低 (2)加水自调阀故障 (3)仪表显示失真 (4)汽包压力突然降低,蒸汽外送量突然增大 (5)排污量过大	(1)联系脱盐水岗位及调度,迅速提高供水压力 (2)开自调近路控制汽包液位,通知仪表检修 (3)通知仪表校验液位计 (4)精心调节汽包压力,保持压力稳定 (5)关小汽包排污
6	放醇压力高	(1)放醇阀开启度大,液位低,带气 (2)中间槽弛放气阀关小或自调故障 (3)中间槽进口阀开启小 (4)负荷过重,放醇管太细	(1)关小放醇阀,提高醇分液位 (2)开大弛放气阀或检修自调 (3)开大中间槽进口阀 (4)开满中间槽弛放气阀,待停车时更换
7	系统结蜡	(1)合成反应温度过高,副反应加快 (2)生产控制醇氨比过大,使新鲜气中CO过高 (3)生产中少量有机酸对设备腐蚀,生成羰基铁	(1)按指标控制催化剂温度 (2)严格控制进口CO含量在指标内 (3)减少羰基铁的生成
8	循环机单台跳闸		(1)联系调度 (2)略降低汽包压力,但要注意气汽压差<3.5MPa (3)迅速开启备机 (4)注意醇分液位,防止液位下降太快
9	循环机全部跳闸		(1)迅速通知调度系统适当减量,联系醇烃化岗位注意负荷 (2)降低汽包压力,但要注意气汽压差<3.5MPa (3)迅速开启备机 (4)注意汽包液位,适当补加除盐水,帮助降低催化剂温度 (5)注意醇分液位,防止液位下降太快 (6)联系电工和维修工检查跳闸原因,处理后迅速开启
10	系统大减量处理		(1)注意床层温度,提高汽包压力和减小循环量来控制催化剂温度,防止垮温 (2)控制汽包液位,防止满液 (3)控制醇分液位,防止液位低

续表

序号	异常工况	原因	处理方法
11	全厂断电跳闸		(1)关汽包蒸汽外送自调和前后阀门,适当开3.0MPa蒸汽补汽包压力,保证气汽压差和催化剂温度在指标内 (2)关汽包排污,监护好汽包液位,防止干锅,有除盐水后迅速补水 (3)迅速关闭放醇自调阀,并到现场关闭放醇根部阀 (4)迅速关闭醇洗自调阀,并到现场关闭醇洗根部阀 (5)关闭醇洗泵出口阀,开排气阀,使醇洗处于备用状态 (6)关闭循环机进出口阀,开近路阀,并打开放空阀泄压,使循环机处于备用状态 (7)关增压机进出口阀,开近路阀,并打开放空阀泄压,使循环机处于备用状态

七、开车操作

1. 催化剂升温还原

(1) 还原前的准备工作

①工程完工后,系统吹扫干净;

②合成塔进行气密检查;

③各仪表调校完好(尤其需要确认合成塔温度测量准确无误);

④升温还原前,氮气、还原气、开工蒸汽、热水泵、循环机、蒸发冷风机和水泵、冷却水、锅炉给水、脱盐水合格备用;

⑤用纯氮置换至 $O_2<0.2\%$,便可进行升温还原;

⑥分析仪器及取样工具完好无缺;

⑦准备好计量出水用的水桶和磅秤。

(2) 升温还原步骤

①甲醇合成回路用氮气置换至 $O_2<0.2\%$ 合格后,用氮气冲压到 $0.7\sim0.8MPa$;

②汽包用冷双脱水加至正常液位;

③启动循环机,建立氮气循环;

④启动循环热水泵,开升温蒸汽,按"升温还原操作指标"要求进行升温操作;

⑤催化剂温度升到 $55℃$ 开始放物理水,每半小时一次,记录出物理水重量;

⑥温度升至 $170℃$,恒温 $2h$,待醇分离器液位不再上升,可认为物理水已基本出尽,将分离器中的水排放至有氮气泻出后再关闭阀门,隔几分钟再排一次,直至将水排尽;

⑦小心缓慢地向系统导入 H_2,使合成塔入口气中 H_2 含量为 $0.1\%\sim0.5\%$;

⑧当塔进出口 H_2 含量差为 0.5% 时,表明催化剂已进入主还原期。此时,控制出塔温度在 $170℃$ 左右,维持此条件继续还原,直至合成塔进出口氢浓度相差不多;

⑨进入主还原期后,系统中 CO_2 积累较快,应尽量控制 CO_2 含量小于 3%(以出塔气为准),CO_2 的含量可通过放空和补氮来控制;

⑩继续升温至 $230℃$,然后将 H_2 浓度分别升至 2%、5% 和 10%,并在相应的浓度

下分别还原1～2h左右；

⑪当合成塔进出口氢浓度基本相等，累计出水与理论出水相近，且几乎不再生成水，230℃恒温，逐渐提高进塔氢浓度，床层无温升，出水速度也无变化，可认为还原结束。

（3）还原操作要点

①压力0.7～0.8MPa；

②循环气量，开两台49m³/min，空速>1800h⁻¹；

②配氢温度点170℃；

④还原终点温度230℃；

⑤温度升至55℃开始放水，每半小时一次，计算出水量；

⑥温度升至170℃，便可加氢还原，采取连续加氢，加氢量由小逐渐加大，由调节加氢量来控制出水量，要求出水均匀直至还原趋于完成；

⑦还原的关键是控制还原速度，还原速度快慢取决于还原温度的高低，同时与氢浓度有着密切的关系，其次与压力、空速等有一定的关系。还原过程要求升温平稳，出水均匀，并控制好还原气的氢气浓度，防止温度猛升和出水太快，否则会影响催化剂的活性、强度和寿命。

（4）还原结束的标志

①升温还原的总出水量与理论出水量相符；

②合成塔进出口氢浓度相等；

③在230℃恒温，逐渐提高氢浓度，床层无温升，出水速度无变化，则可认为还原结束。

2. 注意事项

（1）还原过程中应贯彻提温不提氢，提氢不提温的原则；

（2）一旦循环机出现故障停车，应立即切断氢源，切断升温蒸汽、停止升温，进行氮气置换，保持床层温度平稳；

（3）整个还原过程中，升温蒸汽调节要保持平稳，进出口氢浓度分析要及时可靠，还原阶段加氢正常后每半小时分析一次进出口气体中H_2、CO_2含量，数据及时上报控制室；

（4）温度升到55℃开始放水，以后每半小时放水一次，认真称重并做好记录；

（5）当循环回路CO_2大于3％，应增大放空量，开大补氮阀，排出过高的CO_2；

（6）严格控制小时出水量在指标范围内，做到出水均匀。时刻监视合成塔进出口温度，若温度有突升趋势，应立即采取切断氢源、停加升温蒸汽，直至采取汽包泄压（无特殊情况，汽包蒸汽压力要保持稳定上升，蒸汽不得外泄。转入生产才能向外管网送汽）、补氮等措施。

实习二 二甲醚生产实习

【实习任务与要求】

（1）掌握二甲醚的生产工艺及原理，熟悉工艺流程图。

（2）初步掌握各主要岗位的工艺操作要点及控制指标。

（3）学会处理生产过程中异常现象的分析及处理方法。

（4）掌握安全生产注意事项，熟悉环境治理的方法。

一、产品概况

二甲醚简称 DME，是一种无毒醚类化合物，它从煤、天然气等多种资源中制取。二甲醚是重要的化工原料，可用于许多精细化学品的合成，如制备低碳烯烃，二甲醚还可羰基化、烃基化、氧化生成一系列有机化工产品；同时在制药、燃料、农药等工业中有许多独特的用途，可以用作气雾剂的抛射剂、发泡剂等，代替氟里昂作为制冷剂。由于二甲醚有优良的燃烧性能，能实现高效清洁燃烧，在交通运输、发电、民用、燃气等领域有着十分美好的应用前景。二甲醚含氧量为 34.8%，组分单一，碳链短，燃烧性能良好，热效率高，燃烧过程中无残液、无黑烟，是一种优质、清洁的燃料。二甲醚可用作汽车燃料、民用燃气。二甲醚有很高的十六烷值可作为汽车燃料使用，尾气排放能够达到欧Ⅲ排放标准，替代柴油时十六烷值比柴油高 10%，发动机爆发力大，性能好。二甲醚作为民用燃料可具备燃烧充分、无残液、不析炭的优点。DME 目前主要应用于气雾剂、发泡剂、化学中间体和燃料，其中目前民用燃料的用量最大，我国用于民用燃气的 DME 约占总产量的 80% 以上。

我国的能源结构是富煤、贫油、少气，二甲醚作为一种以煤、天然气为原料的新型清洁能源，在代替液化石油气、柴油以及合成低碳烯烃方面具有巨大的市场潜力，对我国能源结构的调整、环境保护等方面有着重要的现实意义。国家质量监督检验检疫总局发布 GB/T 26605—2011《车用燃料用二甲醚》标准，该标准的颁布促进二甲醚作为柴油发动机的燃料的应用，为二甲醚开拓一个巨大的市场。

1. 二甲醚的物理性质

二甲醚又称甲醚，简称 DME，在常压下是一种无色气体或压缩液体，具有轻微醚香味。相对密度（20℃）0.666，熔点 −141.5℃，沸点 −24.9℃，室温下蒸气压约为 0.5MPa，与液化石油气（LPG）相似。

2. 二甲醚的化学性质

二甲醚溶于水及醇、乙醚、丙酮、氯仿等多种有机溶剂。易燃，在燃烧时火焰略带光亮，燃烧热（气态）为 1455kJ/mol。常温下 DME 具有惰性，不易自动氧化，无腐蚀、无致癌性，但在辐射或加热条件下可分解成甲烷、乙烷、甲醛等。

3. 二甲醚的主要用途

二甲醚作为一种新兴的基本化工原料，由于其良好的易压缩、冷凝、汽化特性，使得二甲醚在制药、燃料、农药等化学工业中有许多独特的用途。如高纯度的二甲醚可代替氟里昂用作气溶胶喷射剂和制冷剂，减少对大气环境的污染和臭氧层的破坏。由于其良好的水溶性、油溶性，使得其应用范围大大优于丙烷、丁烷等石油化学品。代替甲醇用作甲醛生产的新原料，可以明显降低甲醛生产成本，在大型甲醛装置中更显示出其优越性。作为民用燃料气其储运、燃烧安全性，预混气热值和理论燃烧温度等性能指标均优于石油液化气，可作为城市管道煤气的调峰气、液化气掺混气。也是柴油发动机的理想燃料，与甲醇燃料汽车相比，不存在汽车冷启动问题。它还是未来制取低碳烯烃的主要原料之一。

二、生产工艺原理

甲醇蒸气在催化剂和一定温度、压力条件下进行分子间的脱水反应。反应方程式为：

$$2CH_3OH = CH_3OCH_3 + H_2O \qquad \Delta H_{298} = -10.92kJ/mol$$

上述反应是放热反应，在反应条件下还会伴随发生下列副反应：

$$CH_3OH = CO + 2H_2$$
$$2CH_3OH = C_2H_4 + 2H_2O$$
$$2CH_3OH = CH_4 + 2H_2O + C$$
$$CH_3OCH_3 = CH_4 + CO + H_2$$
$$CO + H_2O = CO_2 + H_2$$

三、生产工艺流程

二甲醚的生产工艺流程见图 5-2。

1. 反应流程

原料甲醇先输送到粗甲醇储罐存放，开工时用原料甲醇泵送至甲醇中间槽。当用粗甲醇为原料时，在向甲醇中间槽送粗甲醇的同时，要向粗甲醇中添加适量的稀碱液，控制甲醇 pH 值在 7～8 之间。经碱液处理好的粗甲醇再用甲醇进料泵送至废水冷却器换热升温；再经甲醇预热器被高温反应气进一步加热后进入甲醇塔；甲醇塔底配有再沸器用水蒸气供热，在塔中甲醇汽化上升，甲醇蒸气从塔顶进入换热器与高温反应气换热后再进入反应器的内置换热管，吸收脱水反应放出的热量，使甲醇蒸气自身的温度进一步升高；并控制了催化剂床层的反应温度，加热后的甲醇蒸气上流进入催化剂床层，即进行脱水反应。因为脱水反应为放热反应，控制好催化剂反应层的温度对反应器的正常运行至关重要，为此从反应器出口气路管上引出一股高温反应气不经换热器直接进入甲醇预热器，以调节反应器内催化剂床层的温度（热副线）。另外，也可以从换热器中上部侧面引出一股低温甲醇蒸气由反应器顶部加入，用于调节催化剂床层的温度（冷激副线）。

从反应器出来的反应气体先经过气体过滤器，以阻止少量催化剂粉末带出，再经气体换热器和甲醇预热器、粗醚冷却器换热降温后，气相反应物直接送入提馏塔进行分离精馏。

气相反应产物进入提馏塔后，受到从塔顶回流而下的精馏塔釜液的冷却、塔釜上升的水蒸气加热的双重作用下，从而使二甲醚、甲醇和水得以初步分离。大部分二甲醚蒸气和甲醇蒸气沿塔上升进入精馏塔下部入口，二甲醚气体继续沿精馏塔上升。从塔顶引出进入蒸发器冷却，冷凝下来的二甲醚进入回流罐，出回流罐的二甲醚用回流泵送出分

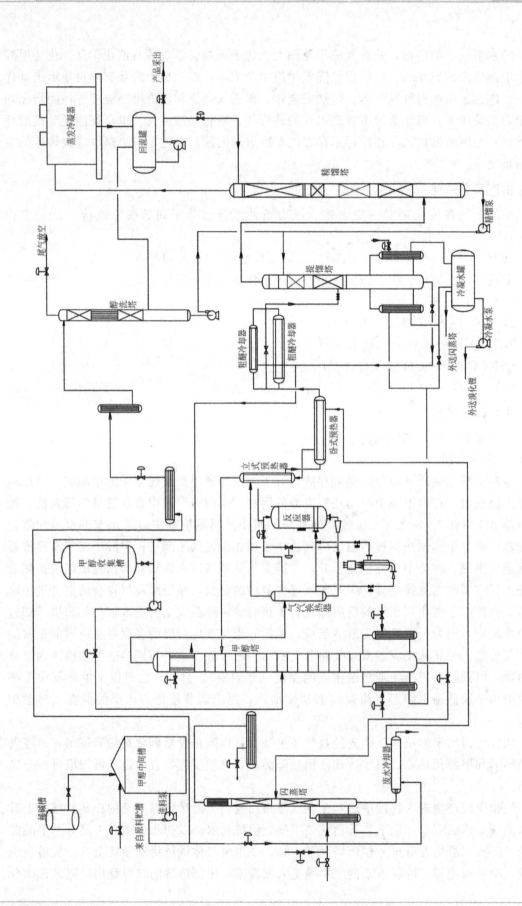

图 5-2 二甲醚的生产工艺流程

成两路：一部分作为回流返回到精馏塔顶；另一部分作为产品采出，采出的产品送到罐区。少量甲醇气体在上升过程中由于受顶部回流下来的二甲醚降温影响而冷凝下落到塔底，少量不凝性尾气由回流罐送出到醇洗塔处理。甲醇、水从精馏塔底部用泵送至提馏塔，再返回甲醇塔作原料回收利用。

从精馏塔釜排出的釜液，主要是甲醇、水和少量二甲醚，直接通过精馏塔釜液泵送至提馏塔上部作回流，提馏塔釜液送至甲醇收集罐，甲醇收集罐内的甲醇用提馏塔釜液泵抽出返回到甲醇塔作原料，用调节阀控制甲醇收集罐的液位。

闪蒸汽提塔的塔釜配置有再沸器，用水蒸气加热使釜液中的微量甲醇汽化。废水从闪蒸汽提塔塔釜排出经废水冷却器冷却后送出界外处理。沿塔上升的水、甲醇蒸气进入塔顶冷凝器，使其中的水大部分冷凝下来回流入塔，使甲醇浓度得以提高，甲醇蒸气由塔顶送出进入冷凝器，冷凝下来的回收甲醇送回到甲醇中间槽循环使用。从闪蒸汽提塔塔顶冷凝器排出的少量不凝性气体经调节阀调压后进入水封，用水洗涤后放空。

装置投产后，由原料甲醇带入甲醇塔内的微量高沸物、水会积聚在塔釜，因而要从甲醇塔釜排出少量的高温釜液，主要是甲醇、高沸物、水，减压后送到闪蒸汽提塔处理。

不凝性尾气从醇洗塔下部进入，从甲醇进料泵送入的甲醇进入醇洗塔顶部，喷淋而下洗涤、吸收尾气中的二甲醚。从醇洗塔顶排出的尾气调压后送出界外；吸收了二甲醚的甲醇吸收液从醇洗塔底部排出，回到精馏塔处理。

2. 甲醇升温开车过程中，蒸气冷凝液的流程

第一阶段：催化剂温度 0～260℃。在此阶段催化剂层温度低，基本不发生甲醇脱水反应，因此提馏塔内无二甲醚，此阶段精馏塔进口阀门一般关闭。蒸气冷凝液从甲醇塔再沸器出来后直接进入冷凝水罐，如果蒸气冷凝液进入提馏塔反而会导致提馏塔内甲醇汽化，不利于升温循环的运行。

第二阶段：催化剂温度 260℃以上。在催化剂温度达到 260℃以上后反应器内已经有部分二甲醚生成，此时就要打开精馏塔进口，使生成的二甲醚及时分离出来，如果不分离会导致甲醇塔出口甲醇蒸气中二甲醚含量累积，抑制升温过程的进行。此时需要保证提馏塔釜有一定的温度而使提馏塔内二甲醚汽化，故此时蒸气冷凝液从甲醇塔再沸器出来后先进提馏塔再沸器，再回冷凝液槽。

四、各岗位操作要点

1. 屏蔽泵的开车步骤

（1）与电工联系检查并送电。

（2）检查泵的阀门开关状态，确保泵出口阀、排气阀、导淋阀关死。

（3）打开冷却水进、出口阀门，确保冷却水流程通畅。

（4）打开进口阀，略开各排气阀排气，确保物料充满泵体后关死各排气阀。

（5）略开回路阀，按电源启动开关启动屏蔽泵。

（6）出口压力达到要求后开泵出口阀，关死回路阀。

（7）检查泵体有无振动、异响，TRG（确定屏蔽泵良好运作的指标）指针在绿色区域。

（8）待泵运转 5min 无异常情况，测泵体温度是否正常。

2. 屏蔽泵停泵步骤

(1) 关小泵出口阀，略开泵回路阀。

(2) 关死泵出口阀，按停止按钮停泵。

(3) 关死泵回路阀、进口阀、冷却水进出口阀、RB后端盖阀。

3. 电炉的使用注意事项

(1) 电炉启动前必须联系电气检查绝缘。

(2) 启动电炉前电炉进口管道及电炉内积液必须排干净。

(3) 电炉不得干烧。必须先通物料再启电炉，先停电炉再停物料。

(4) 电炉功率与物料流量调节要适当，电炉内部温度不得超过360℃。

(5) 电炉升降负荷要缓慢，必须将电流降至最低后再按停止按钮。

(6) 在启动电炉前要确保电炉内部$O_2 \leqslant 0.5\%$。

(7) 电炉必须在干燥的环境下使用。

(8) 在关电炉近路阀前要确保电炉进、出口快速切断阀全开，防止出现管道憋压。

4. 二甲醚取样步骤

(1) 现场开启取样通风风扇。

(2) 将取样器和取样软管连接，并拧紧，确保无泄漏。

(3) 打开取样器上的进样阀门和排放阀门。

(4) 打开取样阀开始置换取样器。

(5) 当取样器排放阀门处有二甲醚气体排出，约2～3s后关闭排放阀门，开始取样。

(6) 进样大约5s左右，关闭取样阀门和取样器上的进样阀门。

(7) 拆开取样器与软管连接接头，关闭风扇，取样结束。

5. 增压泵开机步骤

(1) 联系电工检查绝缘、接地情况，然后送电。

(2) 检查泵体螺栓有无松动。

(3) 开泵的进口阀，然后启动电机。

(4) 待泵的出口压力上升至工作压力后，开启泵的出口，逐渐关闭泵的近路。

(5) 检查泵是否运行正常，如果有异常情况及时处理。

6. 影响二甲醚蒸气消耗的因素

(1) 与进入甲醇塔的粗醇浓度有关，浓度越高消耗越低。

(2) 与反应器内转化率有关，转化率高消耗越低。

(3) 与甲醇塔顶甲醇蒸气浓度有关，甲醇蒸气浓度越高消耗越低。

(4) 与系统跑、冒、滴、漏有关。

(5) 与各预热器换热效果有关，如果甲醇换热效果好，进入甲醇塔内甲醇温度高，则蒸气消耗低。

(6) 加热的蒸气品质高，再沸器效果好，蒸气消耗低。

(7) 蒸气的梯级利用效率也会影响蒸气消耗。

7. 粗醇浓度分析方法及注意事项

（1）选择量程合适的密度计，密度计应完好、清洁、无损伤。

（2）取适量粗醇至 250mL 量筒内，将密度计、温度计放入量筒内，两者保持适当距离，互不影响。

（3）将量筒放置在平整的表面上，待测量仪器稳定后读数，密度计应悬浮在量筒内，读数时视线与液面水平，温度计不能碰量筒底部和侧面，视线应水平。

（4）按照测量结果，应用公式：$\rho_{20} = \rho_t + (t - 20) \times 0.00079$，计算出该淡醇 20℃时密度，对照表格查出其浓度。

8. 蒸发式水冷器运行状况检查方法

（1）检查蒸发式水冷器被冷却物料进、出口阀门是否开满。

（2）检查风机、水泵是否正常运行，测温度，观察正反转、振动、响声是否正常。

（3）检查蒸发式水冷器布水情况，如果过小则要检查水泵进口过滤网、喷头喷淋情况等。

（4）检查蒸发式水冷器水箱内水质、水位是否正常，分析 pH 值、Cl^-、浊度、悬浮物、COD 等。

（5）检查蒸发式水冷器有无跑、冒、滴、漏，列管是否有腐蚀穿孔等。

9. 催化剂的使用和保护要点

（1）催化剂层温度严禁超过 420℃。

（2）尽量减少开停车次数。

（3）正常生产中，应尽可能维持温度稳定。在满足生产能力、产率的前提下，催化剂宜在尽量低的温度下操作。

（4）催化剂的升温和降温都必须缓慢进行，禁止催化剂急速升温、降温。

（5）严禁硫、氯、磷、碱类等有毒物混入原料甲醇中去，以免造成催化剂中毒。不合格的原料甲醇不能使用。

10. 配制稀碱的方法

（1）检查加碱泵可用，开加碱泵进口阀，启动加碱泵，泵出口压力达到 0.5MPa 时（压力不够开泵出口回浓碱槽阀进行排气，排完后关闭此阀）开加碱泵至稀碱槽阀门。

（2）当浓碱槽液位下降 100mm 后关闭至稀碱槽阀门，停加碱泵。

（3）开二级除盐水阀向稀碱槽补至 1000mm 液位。

11. 泡沫灭火装置使用方法

（1）联系调度、低压机循环水岗位将泡沫灭火装置投运。

（2）到现场打开泡沫灭火阀门对罐内灭火。

（3）接好泡沫灭火栓对现场进行灭火。

12. 二甲醚返料加工方法

（1）管道安装 安装一台二甲醚输送泵，一端接金属软管，一端接至精馏塔物料进口管道上。安装一条带金属软管气相管道，另一端与回流罐顶部气相阀相连。管道、泵要固定好，做好防静电措施。

（2）打通流程 将罐车运抵现场，熄火，固定，地线接好。将两条金属软管与罐车连接，先将气相流程打通，使罐车与回流罐压力持平。输送泵进口管道流程打通，排气，启泵试压。

（3）缓慢加工　开泵出口，使返料匀速进入精馏塔，注意因返料引起的提馏塔、精馏塔液位和温度变化，及时调节提馏塔加温蒸汽和精馏塔回流量，直至加工完成。

（4）管道拆除，清理现场。

13. 罗茨机开车步骤

（1）机体置换合格，并盘车 2～3 圈。

（2）联系电气检查绝缘，并送电。

（3）检查油质、油位合格，打开冷却水阀门及近路阀。

（4）打开进口阀，启动罗茨机，开罗茨机出口，根据需要调节近路阀。

（5）检查罗茨机振动、温度等情况，定期巡检。

14. 罗茨机停车步骤

（1）开满罗茨机近路阀。

（2）关死罗茨机出口阀。

（3）停罗茨机，关罗茨机进口，停冷却水。

15. 反洗粗醚冷却器步骤

（1）关死进水总阀，打开反洗阀。

（2）待出水清澈后关死反洗阀，打开进水总阀。

16. 冷凝水泵开车步骤

（1）与溴化锂联系，并打通送水流程。

（2）盘车 2～3 圈，联系电气送电，打开填料冷却水。

（3）打开冷凝水泵进口阀。

（4）打开冷凝水泵出口导淋阀排气，待气排完后关闭导淋阀。

（5）启动冷凝水泵，待出口压力正常后开出口阀。

（6）检查泵的温度、振动情况，按时巡检。

17. 二甲醚系统采醇油方法

从甲醇塔采油口和甲醇收集槽顶部来的醇油混合物先进入醇油冷却器冷却，温度降至 30℃ 左右，再进入二楼醇油槽上部。醇油混合物在醇油槽上部分层，醇油聚集在上部，醇、水则通过底部"U"形倒淋进入中间槽。在需要采醇油时，关至中间槽阀门，使上部醇油通过溢流口采入一楼废水槽，当废水槽液位上涨 5% 后开醇油槽至中间槽阀门，停止采油。废水槽内油和醇进一步分层，下部的醇再通过废水泵抽至醇油槽，当一楼废水槽上层油达到 1.5m 高左右时联系罐装醇油。

五、工艺条件

1. 公用系统

（1）进系统蒸气　压力 1.05～1.35MPa；温度 180～195℃。

（2）进系统仪表空气压力　0.45～0.7MPa。

（3）进系统循环水　压力 0.3～0.6MPa；温度 18～35℃。

2. 原料

原料甲醇浓度　　　　　　82%～100%

原料大槽液位   10%～75%

中间槽粗醇 pH   7～8

中间槽液位   35%～55%

3. 甲醇塔

塔釜温度   170～180℃

塔顶温度   132～145℃

甲醇塔液位   40%～60%

甲醇塔釜液甲醇含量 ≤10mg/L

甲醇塔顶甲醇蒸气浓度 89%～92%

甲醇蒸汽流量 $1200～1600m^3/h$

甲醇塔顶压力   0.7～0.95MPa

4. 脱水反应器

反应器进口温度 205～220℃

反应器上部温度 285～320℃

反应器热点温度 360～390℃

反应器下部温度 300～320℃

反应器出口温度 300～320℃

电炉内部温度   ≤360℃

电炉电流   ≤680A

5. 精馏系统

提馏塔进口温度 80～90℃

提馏塔塔釜温度 115～125℃

精馏塔中部温度 50～60℃

精馏塔顶部温度 30～45℃

蒸发冷温度   20～35℃

提馏塔液位   40%～60%

精馏塔液位   40%～60%

回流罐液位   35%～50%

产品中二甲醚含量 ≥99%

6. 回收系统

尾气中二甲醚含量 ≤1.0%

废水中甲醇含量 ≤5mg/L

闪蒸塔顶压力   －20～50kPa

醇洗塔温度   30～50℃

醇洗塔液位   40%～60%

六、异常工况及事故处理方法

1. 成品采出困难原因及处理

(1) 罐区压力过高，开气相平衡阀，提高系统压力，联系罐区降压。

（2）泵故障或进口过滤网堵，及时倒泵处理，并联系检修。

2. 进料泵跳闸

（1）减小甲醇塔蒸汽加入量，关死甲醇塔釜采，保甲醇塔液位。

（2）将提馏泵出口自调改手动，加大提馏泵打液量。

（3）将跳闸泵出口关死，将备用泵投运。

（4）备用泵长时间无法投运则按停车处理。

3. 断电跳闸

（1）将 DCS 上所有自调阀、快切阀关死，监控 DCS 画面，联系调度。

（2）将跳闸进料泵出口阀门关死，再将甲醇塔出液自调前后切阀门关死，防止窜压。

（3）将尾气总阀、成品气液相手动阀关死，切断与外界联系。

（4）关闭冷、热副线近路阀，反应器保温保压。

（5）将各跳闸泵还原为备用状态。

（6）将甲醇收集槽顶部醇油采出总阀关闭，并关闭稀碱加入和蒸发冷补水。

（7）停车时间长应关闭 1.3MPa 蒸汽总阀、甲醇塔出口阀门、精馏塔进口阀门、冷热副线自调前后切、气体换热器出口阀门。

4. 反应器上部 3 个点温度高，而下部 2 个点温度低的原因及处理

一般出现上述情况的主要原因是通过反应器的物料空速过低，热量无法带至反应器下部，而且上部温度高后物料主要在上部反应，进一步导致通过下部催化剂层的物料中水分含量高，抑制物料反应，而导致下部物料温度低的情况出现。进入反应器列管内的甲醇蒸气主要只在上部有较明显温升，然后进入催化剂层反应，一旦出现上部温度也下降的情况，则反应器内催化剂层温度会迅速下降，从而导致工艺事故的发生。当出现上述状况后应适当关小热副线，提高进入反应器内甲醇蒸气温度，同时开大冷副线，加大通过催化剂层空速，使催化剂层主反应区下移，稳定催化剂层温度分布。

5. 回流泵跳闸

（1）关闭成品采出自调和快速切断阀，防止不合格品采入罐区。

（2）关闭跳闸泵出口，启用备用泵。

（3）若启泵时间长，系统应适当减量。

（4）备泵投运后，采取全回流操作，待成品合格后再采出。如果在成品合格前回流罐液位高，则与罐区联系将成品采入不合格储罐。

（5）如果备泵长时间无法投运则与调度、车间联系作停车处理。

6. 反应器温度下降的原因

（1）冷、热副线调节不到位或冷、热副线自调故障。

（2）系统负荷波动过大。

（3）甲醇蒸气中水分含量过高。

（4）提馏塔釜温度过低等原因导致大量二甲醚返回甲醇塔，使甲醇塔出口甲醇蒸气中二甲醚含量过高。

7. 蒸发式水冷器 2 号水泵跳闸

（1）将 2 号水泵出口阀门关闭。

（2）将 3 号水泵至 1 号泵阀门关死，将 3 号泵至 2 号泵阀门全开。

（3）联系检查 2 号泵，检修好后投运，将流程恢复。

8. 3 号增压泵跳闸

（1）将 3 号增压泵近路全开。

（2）关闭 3 号增压泵进、出口阀门。

（3）联系电工检查跳闸原因，针对原因进行检修。

（4）检修完后将泵投运（在处理期间如果水压过低则联系溴化锂循环水池增开水泵增压）。

9. DCS 故障

（1）关死蒸汽总阀，依次停下各泵，关死出口阀，防各塔满液、空液。

（2）停进料泵后关死甲醇塔釜采自调前后切、近路，防甲醇塔釜液窜闪蒸塔；停回流泵后关成品采出总阀；关死尾气总阀、气相平衡阀；停提馏泵，关死甲醇收集槽总出阀。

（3）关冷热副线前后切及近路，视情况关系统阀门封闭反应器，系统保温保压；关采醇油、加碱；停蒸发冷，关补水，系统温度下降后停增压泵。

10. 如何判断反应器转化率差

（1）催化剂层温度下降。温度下降，转化率下降，反应变差。

（2）提馏塔进口温度上升。甲醇比热容比二甲醚高，粗醚冷却器冷却效果变差。

（3）提馏泵打量上升。甲醇在提馏塔回流至塔底，通过提馏泵返回甲醇塔，为了维持提馏塔液位，提馏泵打量必定增加。

（4）甲醇塔温度下降。大量甲醇返回甲醇塔，必定使甲醇塔负荷加重，在不增加再沸器蒸汽加入量的情况下，甲醇塔温度必定下降，此时应减少进料量。

11. 甲醇塔温度下降的原因及处理

（1）蒸汽掉压。联系调度提高蒸汽压力。

（2）蒸汽自调阀门故障或调节不到位。及时手动调节自调或近路使蒸汽量达到要求，并联系仪表处理。

（3）进料量过大，负荷重。适当减少进料降低甲醇塔负荷。

（4）反应差，提馏泵打量过大。先适当减少进料，调节反应器温度使反应达到要求，再逐步恢复进料。

（5）提馏塔釜温度下降，检查回流量是否过大，并适当加大提馏塔再沸器蒸汽。

（6）联系调度将废水改废水泵抽至终端污水。

12. 成品甲醇含量高的原因及处理

（1）精馏塔顶部温度控制过高，较多甲醇进入蒸发式水冷器冷凝后进入回流罐。此时应适当加大回流量降低精馏塔顶温度。

（2）醇洗塔甲醇通过尾气放空管道倒回至回流罐。此时应立即采取措施降低醇洗塔液位，使醇洗塔内甲醇液位低于尾气进口管。同时适当加大尾气放空量使气体不至于倒流。

13. 提馏泵掉压

(1) 判断　提馏泵掉压后最明显的变化是 DCS 上泵的电流下降 1~2A，提馏塔液位上涨，甲醇塔温度上升。现场泵的出口压力表显示压力低于正常值。

(2) 处理　检查泵的进口流程是否通畅，提馏塔、甲醇收集槽液位是否合格；开提馏泵各排气阀排气，如果出口压力依旧不上涨则关死提馏泵出口阀，停泵，再排气，再开泵，如此多循环几次；如果压力依旧打不起来则先倒泵处理，联系维修人员检查进口过滤网。

14. 蒸汽管道水击的现象及处理

本岗位使用的蒸汽为从 5 号低压机处 1.3MPa 管网来的蒸汽。蒸汽系统开车时易发生水击，损坏设备，需特别注意：

(1) 在停用蒸汽后要定时疏水，及时把蒸汽冷凝产生的积水排出。

(2) 1.3MPa 总管升压时要缓慢进行，严禁猛升。

(3) 开系统蒸汽阀门一定要谨慎，防止阀门内漏导致的瞬时蒸汽流量过大，管道振动大。

(4) 在疏水时先微开蒸汽总阀，微开蒸汽缓冲罐底部疏水阀，直至出水带汽。

(5) 微开各再沸器蒸汽自调阀，打开其疏水阀，直至出水带汽较大后疏水结束。

15. 甲醇塔安全阀起跳的原因及处理

(1) 系统压力高。减少甲醇塔蒸汽加入、提高冷却效果、加大尾气放空等措施降低系统压力，使安全阀回位。

(2) 安全阀机械故障或校验值过低。关闭安全阀根部阀，联系维修检修安全阀。关根部阀时要注意做好个人安全防护，防止被烫伤。

16. 自调阀出现故障的判断及处理

在 DCS 上调节自调，现场观察自调阀的动作情况，再根据工艺情况的变化来综合判断自调是否正常运行。在确定自调出现故障后将自调前切或后切关一个，打开自调近路阀，根据工艺需要调节近路阀的大小，并联系仪表检修。

17. 电炉快速切断阀打不开的判断及处理

如果电炉快速切断阀未打开，在关电炉近路阀时会出现反应器进口甲醇蒸气流量迅速下降，甲醇塔压力迅猛上涨，反应器压力突降的情况，出现这种情况时要迅速将电炉近路阀打开，如果出现甲醇塔安全阀起跳，还应立即减少甲醇塔再沸器蒸汽加入量，使甲醇塔压力尽快下降，安全阀回位。联系仪表检查快速切断阀，确保能正常打开后再将电炉投运。

18. 升温过程中罗茨机跳闸

在升温过程中出现罗茨机跳闸时应迅速将电炉停下，防止电炉超温损坏。催化剂暂停升温。联系电气检查跳闸原因，将罗茨机检修好投运之后再继续升温。

七、开车操作

为使读者全面了解开车操作，本次开车操作由原始开车开始。

1. 安装结束后的检查

(1) 检查工具和防护用品是否齐备和完好。

（2）检查水蒸气、冷却水、电、仪表空气、氮气等的供应情况。

（3）检查动力设备的完好情况；检查所有仪表电源、气源、信号，所有记录仪、调节阀，确认正常，并准备好笔、记录纸等；调节好系统控制微机的各项参数，使其处于正常工作状态。

（4）检查消防和安全设施，确认完好可用。

（5）关闭装置上所有排液阀、放空阀、取样阀，关闭各物料及水蒸气、冷却水、仪表空气、氮气等进出有关设备的阀门，开启水蒸气、冷却水、仪表空气、氮气等岗位总阀门。

2. 系统吹扫

系统吹除的目的是吹出设备、管道本身带来的或安装中遗留下来的杂物，保证投产后的产品质量及不出现堵塞阀门、管道和仪表事故。吹除前应拆除或用盲板堵死不需吹除或不能吹除的有关阀门、仪表、转子流量计、液位计和视镜，吹毕再分别装好。不需吹除的管道设备要加盲板，防止脏物吹入。吹除过程中要用小锤打击各处焊缝，以便将焊渣吹尽（搪瓷、非金属材质、有涂层设备、仪表等不应用锤敲打方法）。本装置应逐段用仪表空气吹除，吹除压力不能大于气密试验的压力，但吹除管内流速最好能大于20m/s。吹除的检验可用贴有白布或白纸的木板对着空气排出口放置3～5min，未发现板上有污点时为合格。

3. 气密试验

气密性试验的目的是检查设备、阀门、管线、仪表、连接法兰、接头焊缝是否密封，有无泄漏，试验压力一般采用最高操作压力的1.15倍。本装置采用压缩空气按工序分系统分段来进行气密性试验。当被测系统达到试验压力时，停止升压。在焊缝、接头、法兰等处检查是否有气体泄漏，如发现泄漏处则做好记号，放压后再进行处理。再升压到规定值，待系统压力平衡后，保持1h，如压力不下降为合格。

鉴于本装置主要物料甲醇、二甲醚、氢气、一氧化碳为易燃、易爆、有毒性物料，故在气密性试验中部分系统还需测定泄漏率，泄漏率试验压力为设计压力，时间为24h。需测定泄漏率的系统按上述试验气密性合格后，使管道内气体温度与室温平衡后，可开始记录试验系统的压力和温度，待测定时间达到后（一般要24h以上），测定漏气量，每小时平均泄漏率不大于0.5%为合格。

4. 单机试车并吹干

（1）单机试车目的是考验主要设备性能及安装质量，可按设计要求、使用说明书等有关规定进行，包括如下几项主要内容：

①各台泵类的运转性能、输送流量和压力。

②开工电炉的加热能力和温度控制性能试验。

③有关仪表的安装及指示控制性能，必要时应进行刻度校验。

④各调节系统的安装质量、控制、调节、检测能力及调节特性。

⑤校准并标出流量计的刻度值和对应的流量值。

⑥测出甲醇中间罐、二甲醚回流液罐、中采甲醇收集罐、罐区的原料甲醇和二甲醚储罐的容积，并标出液面计对应的刻度的体积。

⑦脱水反应器检修用吊车的升降、控制灵活性。

⑧各类通风、排风机的运转性能。

⑨各类消防器材如消防栓、灭火机等的使用是否灵活、方便。

（2）冷态联动试车　冷态联动试车的目的在于考察运转设备及仪表自动控制的能力，使操作人员熟悉操作及事故处理。冷态试车中原则上气态物料以空气代替，液态物料以水代替。冷态试车中，先进行分工序联动试车，最后可进行全工段冷态联动试车。可按下列步骤进行试车：

①开启所有仪表、调节装置及传动设备并通电。

②启动各输液泵，调节好流量向有关设备内送水。

③以仪表空气作气源，往有关设备内送气，并调节好流量。

④按正常操作要求，调节各控制点，并按时作好记录，使操作人员熟悉操作，并作预想事故处理。

（3）设备管道吹干　开启各处管道和设备排污口，将设备管道内水气排干，特别是二甲醚回流液罐和二甲醚产品储罐内不希望带入水分，因而必须先将内部擦干净，再用干燥的仪表空气将有关的设备、管道完全吹干，必要时可用热空气来进行吹干，以保证二甲醚系统中的设备、管道内没有残余水分。

全部前期工作完成后，将本装置内全部阀门关闭为下一步做好准备。

5. 催化剂装填

卸下反应器上部两个装催化剂的人孔、下部侧面卸催化剂的人孔和中下部侧面三个催化剂检查孔的法兰盖，再次检查反应器内是否干净，若不符合要求，要重新清扫干净。

从催化剂卸料口检查花板上的丝网是否放好，上紧螺钉，先将 $\phi 10mm$ 的氧化铝瓷球约 $0.46m^3$ 装入到丝网上，并推平，氧化铝瓷球层高度约 $100mm$。用耐火砖将催化剂卸料口封闭一半，从催化剂卸料口上部慢慢装入已筛选好的催化剂，边装边推平，从催化剂卸料口尽量多装入一些催化剂并推平，当不能从下口再装入催化剂，将催化剂卸料口的法兰盖装好。

从上部装催化剂孔用 $5\sim6L$ 的塑料桶逐桶充装催化剂，先从反应器中心开始充装，再沿反应器边上开始依次充装，然后再用 $1\sim1.5L$ 的量杯依次逐杯充装换热管的管间；从上部装催化剂的同时从侧面的催化剂检查孔用小铲将催化剂推入下部，尽量使下部催化剂充装严实，不留有空洞。装完一层后，继续进行第二层充装。当催化剂检查孔可视范围都充装严实后，可将催化剂检查孔的法兰盖装好。继续从上往下一层一层地充装催化剂，充装时一定要尽量均匀。

在充装时一定要慢慢地依次进行，在充装过程中同时要用量杆将装入的催化剂推平，防止催化剂床层内出现空洞和架桥现象，并避免将催化剂漏入换热管中。

装完后，用仪表空气吹净催化剂层上表面，再装好反应器上部两个装催化剂孔的法兰盖。注意：不要把工具或杂物遗忘在反应器内。

从反应器顶部通入氮气，由下部出气口排放，自上而下将催化剂层的粉末吹净。最后再将反应器的出口管和出口管道上的过滤器装好。

对拆卸过的部位进行局部气密性试验，并消除漏点。

反应器的再置换。具体方法为：开启系统氮气进口阀从反应器顶部加入氮气，从反应器下部的进气管上的排气阀和出气管上的排污阀排放，从排放口取样分析至 $O_2 <$ 0.5％以下为合格。

6. 气体置换

由氮气站送来的氮气先进入主系统，按下列所含设备和流向开启有关阀门置换系统：第一路开启（N_2）→脱水反应器进口→电炉→气体换热器→甲醇塔→闪蒸汽提塔，从水封放空管排放，用于置换开工电炉、甲醇塔、闪蒸汽提塔和水封；第二路开启（N_2）→脱水反应器（进口）→气体换热器→甲醇塔→两个甲醇预热器→废水冷却器→甲醇进料泵→甲醇中间槽，从顶部呼吸阀排放，用于置换甲醇进料系统；第三路开启（N_2）→脱水反应器（进口）→气体换热器→甲醇塔→提馏塔釜液泵→甲醇收集槽→醇油槽，在醇油槽呼气阀放空，用于置换甲醇收集槽和醇油槽；第四路开启（N_2）→脱水反应器（出口）→气体换热器→两个甲醇预热器→粗醚水冷器→提馏塔→精馏塔→蒸发冷→回流罐→醇洗塔→尾气放空。分别从提馏泵排气、提馏塔放空、回流罐放空和尾气放空取样分析至 $O_2 <$ 0.5％以下为合格。

甲醇储罐的置换：氮气可用临时软管从甲醇储罐底部排污口或取样口接入，从顶部呼吸阀排放进行置换，从排放口取样分析至 $O_2 <$ 0.5％以下为合格。系统置换合格后，关闭所有阀门，以备开车。

7. 升温

催化剂预加热和活化所用加热介质为甲醇蒸气，水蒸气由 1.3MPa 蒸汽管网提供。

甲醇蒸气加热流程：甲醇经过甲醇塔通过 1.3MPa 蒸汽管网蒸汽加热成甲醇蒸气→气体换热器壳程→开工电炉→过热甲醇蒸气→脱水反应器脱水反应器→气体换热器管程→甲醇预热器壳程→甲醇预热器管程→粗醚冷却器→液态甲醇→提馏塔→甲醇收集槽→提馏塔釜液泵→甲醇塔循环使用。开启上述流向管道上的所有阀门，关闭精馏系统阀门。

甲醇蒸气通过蒸汽预加热操作稳定后，开工电炉的加热电流，使反应器中催化剂床层稳定升温，控制好系统压力在 0.5～0.8MPa 左右，升温速率控制在 10～15℃/h。

当反应器中催化剂床层温度上升至 240～260℃后，并稳定一段时间后，停电炉并断电，催化剂预加热和活化操作完毕，即可转入反应器开车和投料操作。

在投料前可适当降低甲醇蒸气量和开工电炉的加热电流量，稳定反应器出口温度在规定范围内，等待系统投料操作。

8. 开车

从甲醇塔开车操作开始，具体操作如下。

(1) 配稀碱液　开启浓碱液储罐底部出料阀，开启浓碱液储罐、碱液输送泵至稀碱液槽联接管线上有关阀门，开启稀碱液槽顶部放空阀，启动碱液输送泵向稀碱液槽内输送浓碱液约 250L。停碱液输送泵，关闭碱液输送泵出口阀门。当浓碱液进入稀碱液槽后，加除盐水至液位计到达 95％～100％时关闭加水阀，蒸发冷补水，打通冷却水系统，开启 1 号、3 号和 4 号增压泵。

（2）启动原料甲醇泵，开始向主装置供应粗甲醇。开启甲醇进料调节阀，经甲醇流量计向甲醇中间槽送料。

（3）当甲醇中间槽有可见液位时，取样分析甲醇中间槽中粗甲醇的 pH 值，依据粗甲醇 pH 值的分析结果适当调节碱液加入量，控制甲醇中间槽中粗甲醇的 pH 值为 7.0～8.0。

（4）当甲醇中间槽充满 50％ 液位时，关小甲醇进料调节阀；控制甲醇中间槽的液位在 50％～60％ 之间。开启甲醇中间槽甲醇出料阀，开启甲醇进料泵的进料阀，启动进料泵，开启甲醇进料泵出口阀，向甲醇塔送料。

（5）当甲醇塔塔釜出现液位后，开启再沸器疏水，开启蒸汽调节阀的前后阀，逐渐开启蒸汽调节阀，开启再沸器排气阀，排走再沸器内不凝性气体后再关闭。逐渐开大水蒸气调节阀，使釜温逐渐上升，塔内出现压力，打开塔顶放空阀，排走塔内氮气。当塔釜液位升到 50％ 后，可适当减小进料量，适当加大水蒸气量，有必要时可再从塔顶排放一次氮气等不凝性气体。继续升温，使甲醇塔内升温升压。

（6）当塔釜温度达 130～140℃，塔顶温度上升至 120～130℃，塔内压力达 0.5～0.7MPa，操作稳定后就可以开始向反应器投料。

（7）当需向反应器送甲醇蒸气时，按下列程序操作（反应器和分离精馏系统已做好投料准备）：慢慢开启甲醇塔至换热器气体换热器的出口阀门，让甲醇蒸气进入反应系统。

（8）向反应系统供甲醇蒸气后，逐渐加大进料量直至规定值，同时开大加热水蒸气调节阀增大供热量，以维持送出甲醇蒸气温度和压力的稳定；调节加热水蒸气量，使送出甲醇蒸气流量稳定；调节好甲醇进料量，使塔釜液位保持 50％ 不变。使全系统操作逐渐趋于正常。

（9）当甲醇塔釜液中高沸物和水积累后，塔釜温度开始上升，将水蒸气压力逐步提高至规定值，以稳定甲醇塔的操作。当塔釜温度上升到 150～180℃ 时，可取塔釜液样进行分析。当甲醇塔釜液中甲醇含量低于 5％ 时，可以向闪蒸汽提塔输送少量釜液（此时闪蒸汽提塔已开车处于待料状态）。按下列程序操作：稍微开甲醇塔釜液管道上的釜液排液阀，排走管道内积存的杂质，然后关闭。开启甲醇塔釜液调节阀前后阀，开启釜液根部阀，慢慢开启调节阀，向闪蒸汽提塔输送釜液。

（10）当提馏塔的液位到达 50％ 时，开提馏泵，用提馏泵出口自调控制好提馏液位，微开甲醇收集罐底部阀门和收集罐顶部阀门至醇油槽采油阀门，开醇油槽至中间槽阀门。甲醇返回进入甲醇塔后，密切注意甲醇塔各操作参数的变化，应适当加大加热水蒸气量，稳定甲醇塔液位和温度。

（11）调节甲醇塔的操作压力和温度。甲醇塔的操作压力一般比精馏塔的操作压力高 0.05～0.10MPa。当精馏塔液位上升后，开启精馏塔釜液泵，开始往提馏塔送精馏塔釜液，维持塔液位稳定。

（12）全开回流罐至醇洗塔的阀门，全开尾气放空自调前后切及尾气安全阀根部阀。开启醇洗塔的冷却水进出口阀门。

开启醇洗塔洗液流量计、调节阀的前后阀，关闭旁路阀；慢慢开启调节阀，将进洗涤甲醇量控制在规定值的 10%～30%，等待精馏塔系统送出尾气。当回流罐或蒸发冷送出的尾气进入醇洗塔后，密切注视系统压力的变化，并将压力控制在规定值；将醇洗甲醇进料量控制在规定值的 70%～100%。注意醇洗塔液位的变化，并及时加以调整。适当增大醇洗塔的冷却水量，将尾气出塔温度控制在 45℃ 以下。取样分析尾气中的二甲醚含量，当尾气中的二甲醚含量＞1.00% 时，应适当加大醇洗甲醇进料量和醇洗塔的冷却水量，以降低尾气中的二甲醚含量。

（13）开启蒸发冷水泵及风机。

微开回流罐或蒸发冷至醇洗塔阀门。当反应产物进入提馏塔后，密切注视塔内压力和各点温度的变化。系统开始快速升压后，可向精馏塔进料，用尾气压力调节阀，将系统压力控制在规定值。调节蒸发冷水量及风机数量，将精馏塔顶温度逐步调节到 42℃ 以下；回流液温度控制在 25～40℃ 范围内。注意观察回流液罐的液位。

当回流液罐的液位达 10% 时，开启回流液罐的出料阀，开启回流液泵的进料阀、旁路阀，启动回流液泵，开启回流液泵出口阀，开启调节阀的旁路阀，慢慢关闭回流液泵旁路阀，待少量二甲醚液送出冲洗管道后再开启调节阀和调节阀的前后阀、关闭旁路阀，观察流量计的指示值，控制好调节阀，使回流液罐的液位稳定在 20%～40%，维持全回流状态操作。

当精馏塔顶温度和回流液温度稳定后，回流液流量达规定值的 100% 以上，成品分析合格后可以开始产品采出：通知二甲醚罐区作好接受产品的准备工作；开启主装置与二甲醚罐区相连接的二甲醚液相管和压力平衡管上的两个快速切断阀，再慢慢开启压力平衡管上的阀门（注意：开压力平衡阀时应缓慢开启，让罐区二甲醚储罐内压力与系统压力慢慢平衡，开快了会使主系统压力产生波动）；待罐区二甲醚储罐内压力与系统压力平衡后，开启调节阀的前后阀，慢慢开启调节阀，向罐区送二甲醚，将回流液罐的液位稳定在 20%～40%。控制好回流液流量，慢慢增大采出量，使全塔的操作参数逐步达到规定值。

八、停车操作

1. 正常停车步骤

（1）联系调度。

（2）关闭加热水蒸气压力调节阀及旁路阀，关闭甲醇塔再沸器加热水蒸气调节阀；关闭提馏塔再沸器加热水蒸气调节阀；关闭闪蒸塔再沸器加热水蒸气调节阀。

（3）开甲醇进料泵旁路阀，关出口阀，停甲醇进料泵；关甲醇塔进料调节阀。

（4）开回流液泵旁路阀，关出口阀，停回流液泵；关主装置与二甲醚罐区相连接的两个快速切断阀。

（5）关提馏塔釜采甲醇调节阀；开提馏塔釜液泵旁路阀，关出口阀，停提馏塔釜液泵，停止向甲醇塔送甲醇。

（6）关精馏塔釜液出口阀，开精馏塔釜液泵旁路阀，关出口阀，停精馏塔釜液泵，停止向提馏塔送釜液。关甲醇塔釜液送出调节阀；关提馏塔釜液送出调节阀。

（7）关闪蒸汽提塔釜液送出调节阀，停止废水输出。关稀碱槽出口，停止加碱操作。

（8）根据停车原因，确定下一步采取的处理方法。在排除造成停车的故障后，恢复生产操作程序可按正常开车进行；如要全系统停车检修，在紧急停车操作的基础上，再完成正常停车的其他操作步骤。

（9）当紧急停车时间在 4h 以上时，对反应器催化剂进行保护操作，即泄压、用氮气置换、封闭反应器。根据停车后确定的处理方法通知罐区和生产调度管理部门。

2. 凡遇到下列情况之一应采取紧急停车

（1）停电。

（2）停冷却水。

（3）加热蒸汽中断。

（4）仪表空气掉压。

（5）爆炸、起火。

（6）严重泄漏无法处理。

参 考 文 献

[1] 陶贤平. 化工实习及毕业论文（设计）指导. 北京：化学工业出版社，2010.

[2] 付梅莉. 石油化工生产实习指导书. 北京：石油工业出版社，2009.

[3] 林建. 卓越工程师培养质量保障：基于工程教育认证的视角. 北京：清华大学出版社，2017.

[4] 李光霁. 过程装备与控制工程生产实习指导. 上海：华东理工大学出版社，2012.

[5] 吴鹏超. 石油化工实训指导. 北京：北京理工大学出版社，2015.

[6] 周国保. 化工单元操作装置实训. 北京：化学工业出版社，2014.

[7] 吴晓滨等. 化工单元操作与仿真实训. 北京：化学工业出版社，2015.

[8] 邱奎等. 化工生产综合实训教程. 北京：化学工业出版社，2016.

[9] 朱玉林，沈张迪. 化工操作综合实训. 北京：化学工业出版社，2014.

[10] 吕利霞，郑玉霞. 化工反应实训. 北京：北京理工大学出版社，2013.